◆ 青少年做人慧语丛书 ◆

思考的智慧

◎战晓书　选编

吉林人民出版社

图书在版编目（CIP）数据

思考的智慧 / 战晓书编 . -- 长春 : 吉林人民出版
社, 2012.7
（青少年做人慧语丛书）
ISBN 978-7-206-09125-4

Ⅰ.①思… Ⅱ.①战… Ⅲ.①人生哲学 – 青年读物②
人生哲学 – 少年读物 Ⅳ.①B821-49

中国版本图书馆 CIP 数据核字(2012)第 150865 号

思考的智慧
SIKAO DE ZHIHUI

编　　著 : 战晓书
责任编辑 : 李　爽　　　　　　　封面设计 : 七　洱
吉林人民出版社出版 发行（长春市人民大街7548号　邮政编码 : 130022）
印　　刷 : 北京市一鑫印务有限公司
开　　本 : 670mm×950mm　　1/16
印　　张 : 12　　　　　　　字　　数 : 150千字
标准书号 : ISBN 978-7-206-09125-4
版　　次 : 2012年7月第1版　　　印　　次 : 2023年6月第3次印刷
定　　价 : 45.00元

目　录

CONTENTS

第一个"果子"是酸的

有一天，俄罗斯作家克雷洛夫正在街上行走，一个青年农民走过来拦住他，向他兜售果子："先生，请买个果子吧！这箩筐里的果子有点酸，因为我是第一次学种果树。"克雷洛夫对这个青年产生了好感，称赞他是个诚实的人。

"那就买几个吧！不过，小伙子，别灰心，以后会收获甜果子的，因为我的第一个'果子'也是酸的。"这个青年为找到知音而高兴。"你也种过果树？"克雷洛夫解释说："我的第一个'果子'是我写的剧本《用咖啡渣占卜的女人》，可是这个剧本没有一个剧院愿意上演，它至今还搁在我的书桌里。"

第一个"果子"是酸的，这是事物一般的规律。因为人们认识任何事物都有一个过程，都有一个由浅入深、从表到里逐步深化的过程。不管你多么聪明过人，也不可能未卜先知，超越认识的一般规律。干任何事情都是一帆风顺、马到成功，对任何事物都能洞察一切、一眼看穿，这是不可能的。认识有待深化，经验需要积累。正是在实践过程中，人们不断总结经验教训，修正错误，才使认识逐步完善和提高，最终比较熟练地认识和掌握某种事物。第一次种果树，可能种出酸果子；第一次投稿，有可能"石沉大海"杳无音讯；第一次做生意，可能会赔钱；第一次搞科研，成果可能是个废品。这并没有什么可怕，可怕的是在失败和挫折面前一蹶不振，停顿止步，丧失了继续前进的信心和勇气。轮船的发明者富尔顿，在吸取前人经验的基础上研制轮船，第一次试航时很不理想，这艘船被人讥笑为"富尔顿的蠢物"。富尔顿对此毫不介意，继续进行研究，终于使"富尔顿的蠢物"变成了"富尔顿的胜利"。近代蒸汽机车的奠基人斯蒂芬孙，在研制第一台机车时，行速很慢，排气声音刺耳，有人讽刺："你的火车怎么还不及马车呀？"有人与他吵闹，说什么排气声把附近的牛吓跑了，车头冒火把附近的树烧焦了。斯蒂芬孙不怕讽刺与责难，继续潜心研究，终于制造成功了世界上第一台客货运蒸汽机车，开辟了陆上运输的新纪元。文学创作何尝不是这样？萧伯纳在长达9年的时间里，所得稿酬仅6英镑，其中5英镑还是代写广告所得。海明威最初寄出去的几十个短篇，纷纷被退回自己手中。莫泊桑到30岁尚未发表一篇作品，废稿堆起来比人还高。可以想象，如果第一次种果树结了酸果就洗手不干，一两次研制不出新产品就心灰意懒，接到一次退稿就不再创作，农民种地一次歉收就什么也不干了，运动员一次名落孙山就自暴自弃，那么，何来科技进步、文艺繁荣、农业丰收、体坛上新星辈出？

失败和挫折并不可怕，重要的是要直面人生，把握命运，从失败和挫折中奋起，尽快地投入下一次。人生旅途不会是一马平川，创业路上不可能四季如春，前进的道路总会有雨雪风霜、艰难险阻，失败和挫折往往难以避免。从一定意义上讲，失败和挫折本身也是一种收获，是人生的宝贵财富。

人们常说："吃一堑，长一智。"发明家爱迪生说："失败也是我所需要的，它和成功对我一样有价值。"世上没有"常胜将军"。在失败和挫折面前，毫不畏缩，决不气馁，坚持不懈，奋战不息，就能走出"山重水复疑无路"的困境，迎来"柳暗花明又一村"的胜利曙光。

（赵化南）

一生的准备

　　一位远房伪亲戚前几天孤独地死去，没有亲人送终。其实他有儿有女，且都是良善之人，但对他们的父亲却一直不闻不问，不管生灭。有人告诉我这个远房亲戚的经历，说他年轻时穷凶极恶，鱼肉邻里。后来家败，弃家和情人相伴而去，让孤妻幼子艰苦撑家。等家里渡过了难关，又回来悔恨交加，不多日，携款又逃。老来成了在火车站要钱的乞儿，被乡人认出送至家乡的敬老院。此时儿女皆在外地，小有成就，每年清明都要回乡祭母，却始终不肯踏进敬老院一步。

　　这使我想起了这么一件事：某校特邀一位名师给教师们上一堂示范课。这位名师对授课内容稍事准备，便从容走上讲台。一堂课下来，听者无不心折。赞叹之余，有人问起这堂课准备了多久。这位年过半百的老者慨然说："可以说我只准备了一刻钟，也可以说我这一生都在准备上好这一堂课。"粗看是戏谑之语，实则颇为隽永。

　　人的一生何尝不是如此。有的人很早就开始准备了——时间、财富、成就、永恒的亲情。有的人却只知需要，不知准备，这实际也在客观上为自己准备了与前种偶然相异的归宿。于是人生有了不同的收场。

（陆建华）

生活的定律

两强相遇勇者胜

一名公安人员追捕一名贩毒的亡命之徒，相持中两人都弹尽粮绝体力消耗殆尽。我们的公安人员当时只有一个强烈信念："必须有一方缴械投降，但只能是歹徒，而绝不是我，因为我代表的是正义的力量。"结果歹徒精神崩溃脸色苍白瘫倒在地上。

天津市肿瘤医院对近万名患者临床调查表明，约有20%的病人属于非正常死亡，是被癌症吓死的。而这20%名中那些自我心理调解好的则大都活了下来。

人类文明程度越高，人便越多了些顾忌多了些算计少了些洒脱，这可能也是人类走向文明必须付出的代价吧。然而如果你渴望从芸芸众生中脱颖而出，那么你就要有果敢的素质，林则徐说"无欲则刚"。

勇者相遇智者胜

苏秦是战国时期赵国的丞相，是那个时代的智慧大师。苏秦是被人刺死的——匕首入秦腹。苏秦向国王留下遗言："臣死之后，愿大王斩臣之头，号令于市曰：'苏秦为燕行反间计，今聿诛死，有人知其阴事来告者，赏以千金。'扣是，此贼可得也。"言毕，苏秦拔去匕首而死。国王依计而行，高挂苏秦之头于市。不久果有一人揭榜领赏："杀秦者，我也！"结果是"尽得主使之人，诛灭凡数家。"后人赞到：苏秦虽将死，犹能用计自报其仇，可谓智矣！

二战期间，伦敦遭受德国V1、V2导弹威胁的时候，丘吉尔向美国求援。这件事被转到美国加州大学著名科学家冯·卡门教授主持的喷气推进研究所，当时钱伟长正在这个研究所从事火箭、导弹的设计试制工作。钱伟长仔细研究过德国导弹的最大射程和落点后发现，德国的导弹多发射自欧洲的西海岸，而落点则在英国伦敦的东区，这说明德国导弹的最大射程也仅如此了。据此，钱伟长指出：只要在伦敦市中心地面造成多次被打击的假象，以此蒙蔽德军，使之仍按原计划组织攻击，伦敦城就可避免导弹的伤害。几年后丘吉尔在他的回忆录中谈及此事仍不胜感激地赞叹："美国青年真厉害。"可他不知道智救伦敦的却是一位中国青年。

智慧是人与其他动物的本质区别。智慧来源于对自然界规律的掌握，也来自对事物的不落俗套的处理方式。

智者相逢仁者胜

这是发生在英国的一个真实的故事。有位老人深陷在沙发里，满目忧郁。是的，如果不是无儿无女，又体弱多病，他是绝不会卖掉这栋陪他大半生的住宅而搬到疗养院去的。

不少有钱的聪明人闻讯蜂拥而至，他们都看出了这座房子的价值，竞争之中使房价一路攀升。这时一个衣着朴素的年轻人来到老人面前，弯下腰低声说："先生，我非常想买这栋住宅，可我只有1万英镑。""但它的底价就有8万英镑呢。"老人淡淡地说，"而且现在它已经升值到10万英镑了。"

年轻人一点也不沮丧，诚恳地说："如果您把住宅卖给我，我保证会让您依旧生活在这里，我们一起喝咖啡、读报、散步。相信我，我会用整颗心来关爱您，让您每天都快快乐乐的。"

老人颔首微笑，良久突然站起来挥手示意众人安静下来说："朋友们，这栋房子的新主人已经诞生了。"老人拍拍这个年轻人的肩膀，"就是这个年轻人。"

仁爱无价。完成梦想达到目标，不一定非要用冷酷的厮杀和欺诈，却往往是那颗仁爱之心。

成功和胜利的因素肯定还有许多种，但勇气、智慧、仁爱则是最基本也是最重要的因素。

（蒋光宇）

过　河

　　甲乙丙三个渔夫从镇上卖鱼回家，不想天色已晚，来到河边时，河岸上已没有了渡船。

　　甲建议游泳过河，可乙、丙两人都说河水太冷太急，怕出危险，不同意甲的建议。

　　乙建议沿着河岸找桥过河。甲、丙都知道，离他们最近的那座桥，至少也得走十里八里。绕一个来回，要花上七八个小时。他们都嫌路太远而否定了乙的建议。

　　丙建议大家在原地留宿一晚，明天一早再找渡船过河也不迟。可甲、乙都知道，附近都是荒山野岭，经常有豺狼出没，要是万一遇上，非丢性命不可。

　　大家意见不合，三人只有分道扬镳，各行其道。

　　甲做了做准备活动，脱下衣服，包裹好身上带的东西，凭借着自己强壮的身体和良好的水性，跳进了湍急的河水中。游到河中央，一个浪头冷不丁打过来，甲为了顾全性命，慌乱中把包给松开了，结果，衣服和卖鱼的钱都被水冲走。上岸之后，甲后悔当初没有听乙和丙的话，要是绕弯找桥过河或在河对岸留宿一晚，钱和衣服就不会被水冲走了。

乙为了找桥过河，他走啊走，在一处偏僻的地方突然冒出一个强盗。此刻，乙已走得又累又饿，根本没有反抗的力气了，在强盗的危逼之下，他只好乖乖地把钱交了出来。他两手空空而归。乙被抢之后，后悔当初没有听甲和丙的建议，要不然，自己也不至于遭抢了。

乙一回到家，连夜去拍甲的门。一见面，他们把彼此的遭遇一说，两人不约而同地后悔起来："还是丙的建议最正确，要是我们两人都听他的话，钱就不会丢了。"

可是第二天一大早，甲和乙就听到从丙家传来哭天抢地的声音。俩人连忙跑去询问。一问才知道，丙昨晚被豺狼吃得尸骨未剩。妻女捡回家的，只有几件破衣服和卖鱼的钱。甲乙两人听完，失声痛哭，边哭边说："丙兄啊丙兄，昨天晚上你要是听我们的，也不至于落到尸骨无存的地步啊……"

其实，他们选择哪种方式过河并不重要，重要的是在这种时刻，他们三人的选择要统一。三个渔夫最终落得这样的结局（无一好的），错就错在他们选择了三种不同的方式过河。如果三人选定同一种过河方式，结果可能就完全不同了。

（吴志强）

遇事先往"和"处想

　　听过一则小故事：大街上，有个小青年骑车，迎面走来个老头，青年连忙按铃，但老头只是到了相距几尺远的时候才向右让，这时青年也打算从那边绕过去，于是碰个正着，老头被撞翻在地，青年也摔下车来。爬起来的青年大声吼骂，一场对骂已拉开序端。孰料老头一边爬起来，一边心平气和地说："你也别发火，我也不生气，反正都跌倒了，各人爬起来走吧！"刚才还是紧张的气氛，在这句和气的话语中宣告平安。

　　由此可见，遇事先往和处想，这是给我们一个好心情的前提。摒弃争吵扯皮，追寻和气平静，生活也会因此变得宁静安详。

　　遇事先往和处想，是一剂息事宁人的良药，它能化干戈为玉帛，使怒目相对者与你官归于好，使你行于此世间便多了一分欢笑，少了一分争吵。

　　遇事先往和处想，可以摆脱许多鸡毛蒜皮小事的羁绊，将人生有限的时间和精力投入到更重要的事情中去。

　　遇事先往和处想，会使你有一个更好的人缘，用平和的心境对待别人对你的伤害，用真诚去融化冷漠，慢慢你将发现人们会与你渐渐靠近，乐于与你交往。

遇事先往和处想，是豁达者胸襟宽广大度的体现。人的一生中难免不受到冷嘲热讽与恶语攻击，越是优秀的人他对这些的承受力就越强，他就会抱一种坦荡的心态：宽容笑对千夫指，大度甘愿与人和。

遇事先往和处想，是明智者对和乐人生哲理思辨后采取的处世态度。很多时候伤害也是一笔财富，"往事不可变，来者犹可追"，以恶言对待别人只会造成更多的敌意，和睦相处，人生岂不更多了一分和谐的风景。

遇事先往和处想，无疑如那和沐的春风，给我们的生活驱去夏的火热、冬的严寒，留给我们的是春的温馨、秋的和谐。

在生活中，你也不妨试一试这条息事宁人的法则——遇事先往和处想。

（张涛）

大事要细，小事要随

人一生要处理无数事情。事情总是分为大事与小事。大事是关系生命走向、事业成败的事情，小事则是维系日常生活、影响短暂的事情。大事和小事，都是需要处理好的。

首先是要分辨出什么是大事，什么是小事。有些大事是淹没在小事中间的，甚至，是以小事的面目出现的，一疏忽，它就过去了，过去了才知误了大事；有些小事是装扮成大事出现的，它神匆色忙，好像不处理天就要塌似的。你费上九牛二虎之力，结果发现，根本不值得那么劳神费力。

所以，处大事，要细一些，不能有误差，至少把误差降低到最低程度，大事一误，影响就是几年，十几年，甚至整整一生，绝对糊涂不得；处小事，要随和一些，不能太偏执，能带过去，就带过去，过去了也就过去了。

大聪明总是把目光和精力集聚在大事上，小聪明则总是把目光和精力投入在小事上，大事坚定，小事随和，便是大家子气。

（欧阳斌）

心灵锁语

一

从小至今，很喜欢看佛祖拈花微笑的形象，虽然，我不懂其中的玄机。但是我想其中的怡然自如，是令人向往不已的。这是一种心静如水，不起微纹的心境。能长久拥有这种心境的，也许只有神了。

二

栖身红尘的人也许在某一时刻，也会拥有这样一种拈花微笑似的心境，只是她总在我们不经意间溜走，令人毫无察觉。也许是在懵懂的童年，也许是在顽皮的少年，也许是在热情的青年，也许是在明了的中年……一切都是那样无知无觉，令人总在神往，总在追索，总在用失望和希望交织成绳编织生活。

总是觉得活得太累，总希望能享受尽生命的美好，总希望能过得要风得风，要雨得雨。而这一切需要在生活的激流里挣扎，费尽心机地学会追名逐利，人生呀，真是不容易。什么时候才会有"采菊东篱下"的悠然，什么时候才会脱离"古遭西风瘦马"的萧瑟，用一种拈花微笑，万物皆放下的空灵去面对红尘呢？

我扪心，摸索心的隧渠，一步步走在心的外敞之径。希望一生所经之事，皆不违心。

我的心告诉我，要孝敬父母。父母慈爱心，报得三春晖，远游的儿女，用寸草怎能回报得了。只能祈愿双亲健康长寿。

我的心告诉我，要爱护兄弟姐妹。手足情深，同根生于沃土，只有你爱我惜，才会成为葱郁一片，造福社会。

我的心告诉我，要和睦于人，关怀他人，给人以暖语，助人于危难，让笑语欢声洋溢在生活里。

我的心告诉我，永远不要卷入钱权的漩涡，平淡地生活才适于一生静流；高峰险浪不属于自己，弄潮的水性没得要领，不能走心的异路。

我的心告诉我，一生行在心路上，充实于己，快乐于人，这样的生活才是美的、善的、真的，而远离了假、丑、恶，将是怎样的美好！

我的心告诉我，她在领悟我，她在神助我，所以我把我的一生交付于我的心。

人生无"配角"

　　戏剧舞台上是有主角和配角的，小品《主角和配角》中陈佩斯与朱时茂争演主角、耻当配角的滑稽表演让人忍俊不禁。然而，在人生的舞台上，在每一个人的心灵深处，却应该永远没有配角，只有生活的主角。

　　一位女演员加盟某著名导演担纲的一部片子，拍戏的第一天她就退出了该剧组，原因是该导演要求她"别这么演，这么演太夺目了，你是个配角，不能抢主角的戏"。一般人会认为这个导演说的没错，是啊，配角能抢主角的戏吗？然而，这位女演员却别有新解，她说："如果主角演得好，配角能抢走她的戏吗？如果主角很平庸，作为配角是不是一定要显得更平庸？我不是不顾及大局，我可以少要镜头，但是我不能不全力以赴地演好我的角色，哪怕是一个最微小的角色。因为，无论导演怎样为我定位、我都是自己的主角，永远都是。"她的见解深刻而精辟，她的敬业精神也让人肃然起敬。

　　在一些人的习惯思维中，主角就是主角，配角就是配角。就像大人物就是大人物、小人物就是小人物一样，二者属于不同的层次，没有统一的可能。但实际上，主角固然重要，换个角度审视，配角其实也是主角。在一部戏里，角色大小并不重要，重要的是说好自己的台词，演好自己的戏，正如在本质上，大人物是自己的小人物、小人物是自己的大人物一样。如此观照，滚滚红尘里的芸芸众生，就不再有高低尊卑之分、主角配角之别，有的只是一个个独立而又富于色彩的生命。

我的一位朋友，大学毕业后被分配到某市一所中学任数学教师，他长期致力于教学和教研工作，成效显著，深受好评，他成了当地所谓的"王牌教师"。由于他德高望重，被选为当地的人大代表，后来又被选为副市长，而这时他只是一位党外人士。对于他的任职，有人议论道："他是一个书呆子，哪里是当官的料？再说，一个陪末座的副市长，有职无权，是配盘子的，哪有什么搞头？"听了这些风言风语，这位朋友根本就没放在心上，而是全身心地投入到他所分管的文教卫生工作中。他多次深入基层单位，搞调查研究，解决实际问题，并认真学习钻研有关政策法规，探索发展当地文教卫生事业的改革之路，还积极向党政主要领导同志献计献策。对群众来信来访，他也逐一给以答复，并根据情况妥善处理。由于他的努力，当地的文教卫生事业很快有了较大发展，赢得了当地党政领导和人民群众的交口称赞。他用事实证明了处于配角地位的人只要以主角的姿态投入工作，也一定能有大作为。

再如，青年小杜是某中等专业学校的助理讲师，他不像该校某些青年教师安于"助理"的地位，不思上进，沉溺于打麻将泡舞厅，而是努力搞好本职工作，刻苦进修学习，自强不息，奋发向上。几年以后，他的教学成绩名列前茅，并有多项科研成果获奖，还发表了教学论文四十余篇，被学校推荐为省级青年骨干教师，后来又破格晋升为高级讲师。前不久，当地改革事业单位干部任用制度，公推公选该校校长。在认真严格的考核中，他以自己的实力和实绩战胜了众多竞争对手，脱颖而出，当选为该校校长。小杜的奋斗经历也从另一个侧面说明，当配角的人只要经过自己的不懈努力，就可能变成主角，关键看你有没有意志和毅力做生活的主角。

也许，人生就是这样，居高位者固然可以叱咤风云、豪气万丈，而位卑者亦可忧国忧民、发热发光。大人物有大人物的光芒，小人物有小人物的趣味。主角出色是主角的亮丽，配角生辉是配角的风采。看似各不相同，实则各领风骚。最关键的是在人生这部大戏里，必须得把自己锤炼成一流的导演，然后才会是自己永远的主角。

（黄中建）

勿 轻 信

马克思有一份答女儿问的著名"自白"。其中，他把"轻信"列为"最能原谅的缺点"。

轻信，或许不该算大毛病。以善心测度他人与世事，结果自己上当、倒霉。这弱点，人人难免，而且几乎一犯再犯。

天性愚蠢，多次碰壁，我渐渐悟出一点道理：这个世界，真实与谎言永远并存，怀疑一切太悲观，相信一切恐怕又过于天真了。有些事，例如商情股市以及文化上的炒作宣传等，靠个人的智力，判断不了，也左右不了。这次你误买了赝品，下次你就会为"精品"付出高价。你喜欢的作品，不一定被叫好；你厌恶的劣作，却炒得很热、拿大奖。诸如此类，你无所适从，毫无办法。西方一位哲人说得好："一个不知道闭一只眼的人也就不知道如何睁眼观察。"

我们稍稍可能把握的，大约仅限于周围的人际关系。在学习倾听与观察的同时，有些人的话切勿轻信。

勿轻信夸赞之辞。人最喜欢别人的夸奖。尽管有时做出拒绝奉承的姿态，可赞歌入耳，心里甜丝丝的，神经都会酥麻如触电。毛泽东屡屡推荐《战国策》名文《邹忌讽齐王纳谏》，提醒人们注意那种虚妄的溢美之词。邹忌明明没有徐公美，可妻、妾、客纷纷赞扬他，经当面比较后，邹忌明白了："吾妻之美我者，私我也；妾之美我者，畏我也；客之美我者，欲有求于我也。"看来，阿谀驱动于利益。然而，真正能做到如当年齐相邹忌那样冷静对待他人之吹捧，又何其难也。

勿轻信承诺。信誓旦旦，无思其悔。各种各样的许愿、承诺、契约，司空见惯，若过眼云烟。回想一下别人答应你的事，究竟兑现了多少？事实总要低于诺言与期望。就是一代代文人骚客咏叹不已的"爱"，也往往山盟虽在，寸心难托，口比天高，情比纸薄。

勿轻信传言。传言未必是谣言。但传言多有水分，容易变形。特别是针对你的传言，添油加醋者大有人在，务必仔细辨别，姑妄听之或干脆不听。

勿轻信"知己"之言。许多事都败在"知己"手里。这"知己"，当然不是真朋友。用你时紧贴你，咬你耳根子；用不着你时退避三舍，视你为路人。这样的"知己"一位也多，趁早远离他。

应付虚言妄语，鲁迅的"折扣"法可以借鉴。他说："称赞贵相是'两耳垂肩'，这时我们便至少将他打一个对折，觉得比通常也许大一点，可是决不相信他的耳朵像猪猡一样。"鲁迅以"文学"为话题，向我们提出了深刻的人生警策："《颂》诗早已拍马，《春秋》已经隐瞒，战国时谈士蜂起，不是以危言耸听，就是以美词动听，于是夸大，装腔，撒谎，层出不穷。现在的文人虽然改著了洋服，而骨髓里却埋着老祖宗，所以必须取消或折扣，这才显出几分真实。"

（朱晶）

真　理

"嘭！嘭！嘭！"一个匆匆而来的路人急切地敲打着一扇神秘的门，不久，门开了。

"你找谁?"门里问。

"我找真理。"路人答。

"你找错了，我是谬误。"门里答道并把门关上了。

路人只好继续寻找。他蹚过很多河道，翻过很多山径，可就是迟迟找不到真理。后来他想：真理和谬误既是一对冤家，那何不问问谬误呢?

于是他重新找到谬误，谬误却对他说："我也正找它呢。"说毕又关上了门。

路人不死心，转悠一圈后又继续敲开了谬误的门。可谬误留给他的却是一副冰冷的面孔。

路人近乎绝望地在谬误门口徘徊着，踢踢踏踏的脚步声吵醒了谬误的邻居，随着吱呀的一声轻响，路人回头一看：天哪，这不正是真理吗? ——敢情真理就住在谬误的隔壁!

生活就是这样，一墙之隔的地方往往却是两个世界，差之毫厘却谬以千里，所以当你做错一件事的时候，并不意味着你做这件事的过程是错误的，如果你能从错误的结果本身去考虑，那么，你也许能比重做这件事更快地抵达成功。

　　记住，我们所以常常敲错门，是因为真理就住在谬误的隔壁。

（余志权）

超越忧伤

　　世上永不凋谢的花，一定是假花，完全红透的苹果，一定是蜡做的。一个人一生不可能永远生活在欢乐与幸福中，能够品尝忧伤的人心灵才是真正健康的，而拒绝忧伤就如同拒绝长大一样，最后会收获更深的痛苦之果。

　　欢乐是一种很高的人生境界。一个人要有一种永恒的欢乐心态，必须在经历无数次痛苦、品尝无数次忧伤之后，才会明白欢乐并不是一时的高兴，而是一种乐观向上、积极进取、淡泊宁静的人生态度。没有谁能剥夺你的欢乐，因为欢乐是心灵结出的果实。

　　许多人经常痛苦、忧伤，就因为他们总追求人生的一帆风顺，稍有不顺就觉得上天不公而怨天尤人，他们不明白人生不如意事常八九，真正的欢乐就是在这许多不如意中寻找一条通向如意人生的路，并坚定地走下去。世上无数成功者都能乐观、豁达，并不是他们没有经历过不如意，而是他们有能力承受并最终战胜了、超越了它带来的痛苦与忧伤。

（原野）

拒绝弃置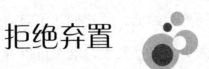

人生说到底是两种态度：一为坚守，一为弃置；人生最根本的是两种精神：一为选择，一为坚持。我崇尚的是不到黄河心不死的勇气和决绝，我相信鲜花因不弃置阳光而怒放，青春因不弃置理想而勃发。

一位著名杂技演员把一慕名向他学艺的青年带到家中，从卧室里拉出几只纸箱，一一打开，里面尽是摔碎的瓷盘，他说："你要顶住几只盘子，就先要去顶这么多盘子。"我又想起探险家刘雨田，在彭加木失踪、余纯顺牺牲之后，他依然一支手杖，一个背囊，再加上自己随时可能丢失的生命，向着传说中的禁区进发，在日记中，刘雨田写道："我的一生都在寻找，寻找一种使人真正挺起腰杆的力量。"

现代人已经精于放弃，不屑于坚守，生命观和价值观的偏向，使更多的人尽一切可能选择物质的丰富和舒适，享受成为生活的主调，奋争只属于那些身处逆境的人。若身处逆境者甘于逆境，那"奋争"只存在于词典中。有些人的弃置已经到了令人痛惜痛恨的程度。毕业于清华大学机械工程系的刘昱说，清华每年都有一些学生自杀，这一半是因为失恋，一半则是来自无法承受的学习压力。面对那么多年轻生命的消亡，我们几乎只有缄默不言的份了，有什么语言能比生命更为厚重，生命既然可以弃置，那么人生还有什么不可以弃置的呢？

我真的很佩服那些平凡却坚忍的人。辽西一位老农，为了自己对绿的渴望，放弃了居住多年的宅院，举家迁至野狼出没的荒漠，垦田开地，造林固沙，全家过着极为原始的生活。一个女人，因为心中爱的理想，得知自己原来的恋人瘫痪在床十几年，生命陷入绝境，毅然舍弃舒适的家庭，与那个男人结合。他们的选择与坚守，旁人也许无法理解，但谁也不能轻视那份无价的尊严。

我想起一则故事：一个忠直的大臣犯了死罪，国王想给他一个机会，便说："你回答我一个问题，答对了免你死罪。我的右手里有一个蟋蟀，你说它是死的还是活的？"大臣立刻跪下："圣明的陛下，蟋蟀的生死都在您的手上啊！"这个故事给我们的启示是：坚守与弃置，就犹如手心里一只蟋蟀之生死，选择坚守还是选择弃置，决定的是每个人的终生。

亲爱的朋友，我们是否可以慎重地对待自己在人生中的每一个选择，是否可以在选择之后不随意弃置，是否敢于为拒绝弃置付出代价，做出牺牲。幸福在心，有勇气拒绝弃置便是一种幸福；拒绝弃置还是一种自卫，抵御杂念的诱惑，捍卫生命的本真；拒绝弃置又是一种自信，相信自己最终将抵达理想的彼岸；拒绝弃置更是一种境界，这里有哲人的喜悦，有主动的保持，有豁达的耐性，还有人之为人的智慧。

（赵梅泉）

声音需要智慧的启迪

　　报效祖国很重要的是需要有智慧，需要勇敢，更需要创新。为什么我这样说呢？就是现在我突然觉得，我之所以讲这个话，是因为我想起一位非常受我尊敬的、杰出的老一辈的作曲家贺绿汀先生，他也是我的老乡，也是湖南人。那么你们知道游击队之歌吗？"我们都是神枪手，每一颗子弹消灭一个敌人……"这首歌就是由贺绿汀先生创作的。

　　1974年的时候，我还是一个学生，那个时候我特别想成为一个中国的作曲家，当时在那个环境里面，我听不到其他的更多的音乐，我就老听这首《游击队之歌》。突然有一天，我说我应该去找是谁写了《游击队之歌》，因为太好听了。他们说是一个湖南人贺绿汀。

　　那个时候没有钱，我自己就坐上了一列通往上海的火车，上去了以后我就一直没有买票，就怕查出来。我就找到了一个厕所，上面写着厕所已坏，然后我就在里面蹲了20个小时。到了上海以后，我就去找贺绿汀，他住在泰安路。

有一天晚上，我记得那时候没有路灯，很黑，终于找到了泰安路一号，我就敲开了那黑暗的门，上到了顶层，就找到了贺绿汀先生。他说你是谁，我现在状况不是太好，你怎么敢来看我，我说我是从湖南来的，我是您的老乡哎。他说你来干什么。我说我想当作曲家，我希望能够找到一种声音，我希望能够创作出一种声音，这个声音可以报效这个国家，回报这块土地。他说你创作过什么东西，我就把我小时候写的几首歌给他看，其中还有一首叫《我梦见了毛主席》，他看了这首歌以后，他说你想做中国的作曲家，你想报效国家，你知道吗，报效国家是需要智慧的。我说智慧在哪里呀？他说智慧在心灵里。我说为什么会在心灵里呢？他说智慧需要学习，需要天天向上，需要去寻找真正你自己觉得被感动的东西，你自己感动了才可以感动别人。那么你自己如何感动？就是说你触及的、你挖掘的、你传承的、你学习的所有东西，都应该是你自己觉得那是你自己的东西。

我回到湖南以后就一直在想，我的心灵在哪里？我的心里边能不能装上能够感动我自己的声音，寻找了那么多年以后，我觉得其实这个声音就在我的生活里，就在我的泥土里。最近我突然觉得我应该跟祖国借一些土地，我想用祖国的泥土，做成一个泥土的乐器，奏响大地的声音。我发现祖国大地上的每一块石头和每一寸土地的声音都不一样，就像这片土地上的千千万万的人民一样，他们的心灵总有自己的理想，总有自己的梦想，每个人都有自己的梦想，每一块石头都有自己的声音。后来我做了一件陶乐器，让它发出声音，发出中国大地的声音，这就是在国庆60周年的时候，我最希望献给这片土地、这个国家的一份心情。谢谢。

（谭盾）

问题本来很简单

记得读中学的时候，老师问我们一个问题：一个人面向东，一个人面向西，他们中间至少要放几面镜子才能互相看到对方的脸？

大家开动脑筋想啊想啊，有的伸手在头顶比画，有的拿笔在纸上画图，大家的答案很不相同，有说两面的，有说四面的……但老师全都摇头，说：不对。正确的答案是：零。一面镜子也不要。

我们全都大惑不解，不要镜子怎么能看到呢？

"问题本来很简单，"老师说，"现在我是面向东，同学们是面向西，我们不是互相看到了对方的脸吗？"

大家恍然大悟，原来"一个人面向东，一个人面向西"是可以有"面对面"和"背对背"两种情况的呀，可我们为什么都不约而同地在"背对背"上动脑筋呢？

原因很简单，因为"面对面"太简单了。

人们常常会犯这样的错误，把一些原本很简单的问题复杂化，聪明反被聪明误，结果是自寻烦恼，毫无益处。

这种错误连大师也难免。17世纪的英国大数学家罗素给他的学生出了一道题：1+1=？，题目写在黑板上，他的弟子们全都面面相觑，没有一个人敢作答。这个连幼儿园里的小朋友都会做的题目竟然难倒了一群数学大师。

为什么？因为这题目太简单了。

且听听罗素是怎么说的吧："同学们，1+1=2，这是真理，你们应该毫不犹豫地写出答案，可是，你们为什么不敢呢？因为你们在顾忌另外的一些东西。"

是的，真理往往是很简单的，但是在它被人们加入了许多"另外的东西"之后，就变得复杂起来，变得难以辨认，甚至面目全非。

最令人喷饭的是那道脑筋急转弯：树上有两只鸟，"砰"的一枪打死一只，问：树上还有几只鸟？

你说2-1=1，树上还有一只鸟吗？不对，那另一只鸟听见枪声，还不早逃得无影无踪了？哈哈！

但是且慢，有人不服了：那另一只鸟是聋鸟，不对吗？

还有人说得更不容置疑：那是一只在鸟窝里嗷嗷待哺，还没有长好翅膀的鸟，不对吗？

这么一来，2-1到底等于几？问题就不那么简单了。

人是高级动物，有脑子能思维，所以会玩出这种种游戏来，不过照我看来，玩玩游戏不碍事，真要想问题办事情的时候，就千万别来这一套了，否则是会误事的。就像我一开头说的镜子一样，本来很简单的一个问题，大家钻到牛角尖里出不来，岂不糟糕？

（廖　钧）

凡人与大师

凡人对大师说："我像你一样勤奋努力，也像你一样执着追求，然而我依然是个凡人，而你却成了大师，这是为什么？"

大师没有正面回答，而是给他出了一个题目："假如现在横亘在你我之间是一条河流，你怎样跨越？"

凡人回答："第一条路径，如果有座桥，我就直接过桥跨越；第二条路径，如果有渡船，我就乘船跨越；第三条路径，如果我会游泳，我就游泳跨越。"

大师说道："第一条路径过河，是依靠别人造的桥过河，不能算你完成了跨越；第二条路径过河，是依靠别人造的船过河，也不能算你完成了跨越；第三条路径过河，只能说明你凭借自己的资质偶尔从此岸到了彼岸，假如大雨滂沱或大雪纷飞，你还能游泳过河吗？所以也不能算你彻底地完成了跨越。"

凡人听了大师的话，若有所思地说："不过还有一条很难的路径，就是我亲自造座桥跨越，但我没有造桥的本领，尊敬的大师，看来我是无法跨越这条河流了。"

这时大师微笑地对他说："你是个聪明人，你知道造桥既能实现你跨越的追求，也能成全别人过河的愿望，但你却因为难而不为，现在我告诉你，凡人与大师的区别就在这里。"

（吴礼鑫）

心　思

"为什么有的人不能容人呢?"年轻人问。

"因为有的人心太小,小到只能容下自己。"大师答。

"为什么有的人常常迷失于自己的心灵呢?"

"因为有的人心太大,欲望太大,无边的欲望让他们迷失了人生的方向。"

"哪怎样才能看见一个人的心呢?"

大师用笔在纸上画了几竿摇曳的竹、几朵飘逸的云、一湖荡漾的水。"这画的是什么?"大师问。

"风。"年轻人答。

"风无形,你是怎么看到画上画的是风呢?"

"风虽无形,但物有形,竹、云、水有形,通过这些有形物体的移动,我们便看到了风。"年轻人说。

"心无形,但一个人的言谈、举止有形,同样我们可以通过有形的言谈、举止,看到一个人的心,看到一个人的内心世界。"大师答。

（黄小平）

一个小时思考胜于十天盲目工作

　　心理学家说，如果你每天花费一个小时完全思考一个问题，五年后你会成为这个领域的专家。以你自己为例，如果你知道自己还有发展空间，可以变得更好，那么你就要寻求如何让自己发生建设性的改变。因此，你可以花费五年的时间，在这个漫长而艰辛的路上寻找答案，应该相信，你一定可以找到答案。思考是最大的力量，你应该设法掌握这个过程，这样你就可以把握自己的人生。

　　你的思考会受到正负两方面力量的影响："正面"是创造性和建设性的因素；"负面"则是令人失望和破坏性的因素。前者让你进步和改善，后者则让你放弃和伤害。为了更加了解积极和消极的习惯性思考模式所产生的不同作用，想想以下的情绪，一边思考一边意象的"启动过程"，对于你和周围人们的生活产生哪些影响：喜悦、骄傲、爱、兴奋、乐观、热诚；接着比较恐惧、愤怒、罪恶、怨恨、嫉妒、绝望及恨的影响。前者对一个人具有创造性、建设性的影响，后者则相反。

　　思考是受习惯限制的。当人们认识或开始意识到不能思考时，又为什么不改掉这些坏习惯呢？人们不改变自己的不良习惯，其原因是不愿意承担责任。以下是那些不改变坏习惯的人最常用的借口：我们总是那样做的；我们从来不那样做；那不是我的职责；我认为那样做不会有什么改变；我太忙了。

一切习惯在刚刚形成的时候都是很不起眼的，但最终往往会变得难以打破。态度属于习惯，也是可以改变的，问题就是要用新的良好习惯去破除和取代旧的不良习惯。防止坏习惯的形成比克服那些已形成的坏习惯更容易。要形成好习惯就要战胜诱惑，快乐和不快乐都是一种习惯。优秀品质的形成是有意识地付出一次又一次努力的结果，它需要经过大量的实践直到变成一种习惯。

我们都应该有这样的感知，过马路之前，你肯定要先看清左右两边的车辆。如果你生长在美国，你会习惯先看左边，再看右边；如果你生长在英国，则习惯先看右边，再看左边，因为车子是靠左行驶。美国的游客在伦敦的街头往往无所适从。我们从小就学习并且养成习惯，一种储存的程序，几乎不需要思索，只是一种下意识的行动。同样的，思考模式被输入到你的潜意识之中，造就现在的你。这些模式可以因为重新学习不同的、更有效的思考模式而改变，提升你想要改变的认知层次，在想象之中不断重复新的、你想要的学习经验。新的思考意象将产生新的生活经验。

如此看来，"一个小时思考胜于十天盲目工作。"

（浅楷）

每份工作都是橄榄枝

中专毕业后，她的第一份工作是在一家餐厅做服务员，老板不在，大家都钻空子偷懒，只有她，老板在与不在都一样，永远保持着旺盛的工作热情对顾客满脸笑容。

一位常来吃饭的顾客注意到她，将她拉到一边，悄悄问她："我们公司正在招聘电话销售业务员，我觉得你挺合适，愿不愿意试试？"她觉得没什么不可以，就辞职去了这家礼品公司。领导发给她一本厚厚的黄页，让她挨个打电话过去推销，每天要打满500个电话，还得做详细的通话记录。一天的电话下来，重复着相同的话，很辛苦，耳朵疼，下班以后一句话都不想说。其他同事都想办法要小聪明蒙混过关，比如每天可能只打100个电话，至于电话记录，就胡编一气。只有她，老老实实每天打满500个电话，认真诚实地做好相关的500条记录。这样高强度高密度的工作，让她的口才和沟通能力迅速提高，性格也开朗了许多。

在这家礼品公司做了一年多，她的业绩有目共睹，工作驾轻就熟，她打算跳槽。她去了一家在业内很有名的公关策划公司应聘。

出色的口才和沟通能力让她脱颖而出，被市场部顺利录取。

　　大公司等级分明，她是最底层的工作人员，一开始部门里谁都能使唤她，工作其实和一个打杂的没有什么分别，订盒饭、发快递以及在上班时间替同事去不远处的星巴克买咖啡。

　　她所在的公司经常为一些世界知名的企业承担公关活动，有一次，公司为一个著名的化妆品品牌做发布，有一个环节，是在会场放飞活的蝴蝶，这就需要事先有人藏在天花板和屋顶的夹层里，到关键时刻坐在从屋顶悬挂下来的秋千上，做"天女散花"，将装在盒子里的蝴蝶放飞，这样又累又危险的工作，自然交给了她，她没有怨言地接了下来，爬上天花板，一遍遍演练。

　　当穿着白裙子的她坐在秋千上伴着翩翩飞舞的彩蝶出现在会场上方，大家都在注意那些飞舞的蝴蝶，只有一个人注意到她，确切地说是注意到她那一头飞扬的黑发。这个人是一家模特公司的老总，他们刚接到一个洗发水的广告业务，正在寻找平面模特——这个女孩子头发真好，不正是合适的人选吗？他找到她，说明自己的来意，她当然不想放过这个机会。

　　顺利拍了那个洗发水的平面广告之后，模特公司的人被她的表现力打动，力邀她加盟，她留了下来，成了一个小有名气的平面模特，收入随之而丰厚，她在上海买了车，买了房。

　　在这家模特公司工作五年之后，她转行成为市场总监，她的手下不乏名校的精英，而她却从不讳言自己只是一个中专毕业生，是从一个餐馆的服务员开始起步的？她的成功秘诀，其实也简单，那就是——决不虚度每一份工作。

任何一份工作，你认真做和不认真做所得到的结果是完全不一样的。不认真做，这份工作也能混过去，也能如数拿到工资，表面上似乎自己很聪明，占了便宜，可宝贵的时间也就这样浪费掉了，除了一份薪水，你并没有得到什么：但如果认真做，也许不能比别人多拿薪水，但是一些赏识你的贵人，一些进步的阶梯，一些意想不到的机会，会在这时候降临到你身边。说到底，获益的还是你自己。

小聪明和大智慧的区别就在这里。

（张金燕）

用除法计算烦恼

　　我曾仔细观察笼养的鹦鹉们啄食。主人放置一盘米粒于笼中，鹦鹉们争食是争食，但吃到的会谦让没吃到的。旁边一只鹦鹉突然插进来，吃得正欢的会让开。而且偶尔有一只，因为站立不稳，跌到另一只身上，也不会打起来，仍然各吃各的。它们有争抢，却没有争斗。它们只有欢蹦乱跳，没有丝毫的烦恼。

　　倒不是说，有思想就会有烦恼，关键是如何看待烦恼，如何处理烦恼。如果把争抢看成是烦恼，把吃亏看成是大烦恼，把名利看成是挣脱不掉的烦恼，而且自觉不自觉地越想越烦恼、放大烦恼，那么，人生将无法自拔、苦痛不堪。相反，去除小烦恼，用除法计算大烦恼，烦恼会立即萎缩，甚至消除，正如鹦鹉们的争食但不争斗。

（李弗不）

聪明与智慧

智慧，是一个人的视野，是把社会、人生与宇宙的幅度张开得足够宽、高与深；聪明，是一个人局限在一个小范围的世界里，对之熟悉、掌握与运用。

生活简洁是思想单纯的主要形成因素，但简洁的生活不一定能够让人思想单纯，其中依然会有所矛盾与偏执，最主要的成分更取决于思维方式与各种习惯。

在生活中的领悟十分关键，然而那种"领悟"必须达到某种程度之后，才可以真正地主宰生活。由此，也可以看出：美好的生活主要来源于社会、家庭造就的成长环境。优美的环境给予人智慧，对社会中事物的了解则使人越来越聪明。

如今，这个社会之中大多数的教育方式，都在促使学生变得聪明，而不是增长智慧。假如把学习的环境建立在一个天然、和谐、充满爱意的地方，那么学生在今后的人生旅途中就更能够真正过得幸福。反之，聪明的人往往在人世间收获较多的各种名利，但他们却不一定能够幸福。只源于聪明之人大在意相互之间的比较，在感受事物之时，个人感知十分易变，习惯匆忙，容易造成矛盾，因为内心的空虚、复杂而心累，所形成的氛围也往往显得沉重与阴霾。

（洪少霖）

令你脱颖而出的反应能力

我们常常要置身于各种各样的场合，良好的反应能力会使你脱颖而出、凸显个性、给人留下深刻印象。敢于打破惯常的思维，做出一些有点与众不同的表现，这样，你的个人魅力就自然流露了出来，你也就向成功迈进了一步。

另辟蹊径的反应能力

一个炮兵部队的侦察连即将挑选一名士兵升任侦察中士，要求必须具备敏锐的观察能力和迅速的反应力。本次的人选有三名，分别是：布莱特、鲁本和安德拉斯。考核内容分为两部分：笔试和面试。如果笔试不合格，直接淘汰。

让人意想不到的是，笔试结束，三人都获得了满分。战友们都想：这下可有好戏看了。因为大家都知道，三个候选人都很机警。

面试这天，大家都去看热闹。当然，为了公平和公正，三名候选人都必须在考场外等候。

首先被叫进场的是鲁本。考官，也就是侦察连的连长手指一英里外的一座小山，问鲁本："士兵，请你告诉我，你能看到那边的那座山吗？"

"当然，长官。"鲁本大声回答道。

"士兵，请你告诉我，你能看见山上的无线电天线吗？"连长接着问。

"是的，长官！"鲁本又大声回答道。

"那么，"连长继续问，"你能看见蹲在天线上的那只小鸟吗？"

场内看热闹的士兵不禁都愣了。因为大家都知道，如果不借助望远镜，是很难发现一公里外的一根天线上的一只小鸟的。

只见鲁本努力向前倾着身体，眼睛也眯成了一条缝。许久，他沮丧地答道："不能，长官！"

第二个上场的是布莱特。连长问的问题跟提问鲁本的一样。大家都竖起耳朵听布莱特怎么回答最后一个问题。只听布莱特答道："能，长官，如果有望远镜的话。"

连长笑了笑，喊道："下一位。"安德拉斯进场后，连长问了之前同样的问题。最后，连长问道："士兵，你能看见蹲在天线上的那只小鸟吗？"

安德拉斯探了探身体，然后答道："看不见，长官！但是我能听见它在唱歌。"

自然，侦察中士的位置非安德拉斯莫属。

不囿于常规的思维，而是另辟蹊径，从另一个角度去寻找答案，你就有机会脱颖而出。

以牙还牙的反应能力

雷恩是一名非常著名的舞台剧演员，曾在一出很成功的剧目中饰演一个贵族角色，这个贵族已被软禁了20年。在最后一幕中，国王的信使拿着国王写的一封特赦信上场，然后将信交给由雷恩饰演的那位贵族。这个剧目因为大受欢迎，所以已经连续上演了几十场。尽管每场戏雷恩都得念一遍那封信，但他还是坚持要求将信的全部内容都写在信纸上。

一天晚上，饰演国王信使的同事莱特决定与雷恩开个玩笑，看他反复演出这么多场后，是否已经将信的内容背熟。

最后一幕戏开演了，雷恩饰演的贵族独自一人坐在一间昏暗的房间里。这时，饰演国王信使的莱特上场，手里拿着那封意义重大的信。莱特走进房间，将信交给雷恩。雷恩激动地接过了信，当他打开信纸，却愣住了。信纸上没有像以往一样写着信的内容，而是一张白纸。雷恩忍住心中的恼怒，假装向莱特道谢，同时也把疑惑的目光投向了他。莱特却似笑非笑地看着他。雷恩马上明白了：莱特在考验他。他既着急又生气，因为他的确记不全信的内容，但众目睽睽之下，又不能发作。但雷恩并非浪得虚名，他盯着信纸几秒钟后，眼珠一转，对莱特说："光线太暗，我眼睛又不好使，麻烦您给我读读陛下给我的特赦信。"说完，他把信递给了莱特。莱特一个字也记不得，只好说："大人，这儿的光线的确太暗了，我得去把眼镜拿来。您稍等片刻，我的眼镜就放在外面的马车上。"话还没说完，他就匆匆跑向后台。雷恩看着他的背影笑了。

一会儿，莱特重新登台，戴着一副眼镜，手里拿着往常使用的那封信。他走到雷恩面前，大声地念了起来。

顺势而为，以其人之道还治其人之身，让对手弄巧成拙，既让对手知难而退，也给自己找了一个从容而下的台阶。这种反应能力使得你的个人魅力更加突出。

自我幽默的反应能力

那天晚上，珊妮所在的公司举行年终宴会。珊妮在宴会上得到了一份奖品。可当走到舞台中央时，她滑倒了，奖品正好砸在颁奖者的脚趾头上。珊妮连忙道歉，可当她弯腰去捡已经摔烂的奖品时，裙子又被扯破了。在场的众人一下子都愣住了，都屏住了呼吸看珊妮怎么做。

"我认为还不算太糟，"珊妮站起来说道，"除非这个奖品是公司为表彰我的部门全年无安全事故而颁发的。"顿时，听众们都哈哈大笑起来。珊妮也在众人的笑声中完美收场。

幽默是掩饰尴尬的最佳方法。令人会心一笑的幽默，不但可以令尴尬的气氛一扫而散，更彰显你的出色口才。如此，你不想给人留下深刻的印象都难。

自我推销的反应能力

克鲁斯在一个酒会上结识了一位新朋友。朋友问他："你是做什么的？"克鲁斯回答："哦，我是一个会计师。"然后就是一段尴尬的沉默，因为克鲁斯在考虑下一步该说什么。

而安格拉斯就不会碰到这种尴尬的事。当新结交的朋友问他："嗨，伙计，你是干什么的呢？"他考虑了两秒钟，答道："嗯，我毕业的时候本来打算去XYZ公司工作的，但是三十秒之后，我意识到我不想做那份工作了，所以后来我就进了ABC公司。但是坦白地讲，那仅仅是我为了生活所做的一份工作而已，我真正喜欢做的事在DEF和GIH公司，所以我在周末兼职了好几份这类的工作。"

这样的回答，不但尽显你的坦诚与幽默感，更充分表现了你的反应能力。如此一来，新朋友肯定会对你刮目相看，并且愿意和你深交下去。于是，更愉快的聊天就开始了。所以，像安格拉斯这样的人，无论在哪里，都会深受欢迎的。

其实，"你是做什么的"这个问题更常见于求职时的面试场合。反应良好的回答可以助你脱颖而出，并且给对方留下深刻的印象。如果你在面试中表现出超强的反应能力，你就已经获得了一半的成功机会。

（珍妮丝·安德森）

依顺是一种境界

看过作家六六写自家装修文章，感触颇深。

唐师傅是朋友介绍来的，特依顺她，任她怎么折腾，都耐得住性子。他得到六六"耐折腾"的评价，没有丝毫的贬损，而是浓烈的褒奖。

依顺六六的意思，是唐师傅做工的最高准则。先是花很长时间与她沟通，了解她的个人喜好，再带她去建材城选购她喜欢的材料，并努力帮她买齐自己喜欢的饰材，且不超出预算。

唐师傅将客、卫、地墙规划得差不多的时候，六六突然对他说："这不是我想要的！"老天，这可都是她自己亲自敲定的呢！唐师傅不问缘由马上停工，耐心询问她喜欢什么，并提醒她这要用很多年，绝不要凑合。六六怕麻烦他，很不好意思。他说："满意是最高标准，只要你满意，我就不怕麻烦。"最后，唐师傅硬是没让她多花钱，又达到了让她满意的目的。

做电视机背景墙也是这样，唐师傅不厌其烦地推荐墙纸，六六都不满意。他也不恼，继续帮她找。后来，六六请朋友手绘一幅凡·高的《星空》作为背景墙，唐师傅大赞这个创意好！依样做好。

通过此次装修，六六对唐师傅说："你未来会做得很大！你根本不用担心自己未来买不起房子，因为你进步的速度会高于房价上涨的速度。"

行走红尘，见过斤斤计较的，见过唯利是图的，见过睚眦必报的，见过过河拆桥的，却少见这般没来由地依顺的。我也深深地佩服这个唐师傅。

而今，依顺往往被误判成软弱无能的糊涂虫，混世度日的大懒汉，缺乏进取心的大废物。于是，你争我抢不放手，都不依从，都不顺势下坡，所以，摔得鼻青脸肿的有之，跌得头破血流的有之，痛得心都要碎裂的有之。

世上没有恒强恒弱，或站在强的浪尖，或立于弱的洼地，或于强弱转换的当头，唯有依顺能给我们创造一种奇妙的顺境。就像装修的唐师傅那样，看似没有主见没有出息，实则潜力巨大，就像六六评价的那样，你未来会做得很大！

一位思想家说过，最美妙的爱情不是缠缠绵绵，不是天天互道"我爱你"，而是一方提什么，另一方只说"好呀好呀"！依顺出爱情。跳出爱情圈外，依顺时时处处莫不散发迷人的魅力。

在我看来，依顺是一种境界。在此境中，与人为善的同时，为自己谋了善；与人方便之时，为自己也带来了便利。替人着想，他人也会为自己考虑；爱人所爱，痛人所痛，反过来，当自己爱与痛的时候，人家也会站在自己这一边。与世无争，世界都是我们的；与人争斗，自己反而困在了斗争中。

有智者说，握紧拳头，里面空空如也，张开双臂，一切都是你的。依顺出境界——依顺他人，依顺生活，依顺日月，依顺世界，我们就能跃入理想的、纯美的智慧之境。

（陈志宏）

越简单越高贵

　　梭罗在瓦尔登湖畔生活了两年多，他用亲身经历告诉世人：一个人凭着自己的双手就能满足自己的生活。也就是说，一个人完全可以简单地活着。苏格拉底说："我们需要越少，就越近似神。"因此，从这个意义上说，简单就是我们要追求的"精神国度"。

　　生活中，我们喜欢跟小孩子玩儿，因为他们简单；我们愿意跟品德高尚的人交往，因为他们简单；我们留恋大自然的怀抱，因为它简单；我们热爱一切美的东西，因为它们简单……可见，简单蕴涵着真、善、美的内容。

　　而怎样才能活得简单呢？

　　用自己的双手换来的果实，该拿；不属于自己的，就不该拿。可是，世间有多少人贪得无厌，把欲望推向极限。该拿的拿了，不该拿的也拿了，而且越来越拿得理直气壮，拿得厚颜无耻，拿得无休无止……原本平静温馨的生活，因为不停地拿而起了波澜，进而惊涛骇浪完全打乱了生活，甚至他们因此被淹没其中。一句话，欲望，处理得恰当，就是希望；处理得不好，就是失望，甚至是不可挽救的绝望。因此，要想活得简单，就要减少欲望或者消除欲望，就像你想让庄稼长得好，就必须把杂草除掉一样。

而要控制欲望，就要看淡名利。司马迁说："天下熙熙，皆为利来；天下攘攘，皆为利往。"其实名利无非是一些花花果果，也许会给你一时的光鲜和甘甜，但最终还是不可避免会凋零和腐烂。属于自己的，就放心拥有；不属于自己的，就果断放弃。春秋时宋国贤臣子罕，曾有人给他献玉，他淡然一笑说："我以不贪为宝，你以美玉为宝。如果我接受了你的美玉，那么咱们双方都失去了最宝贵的东西。"因此，只有看淡名花利果，我们才能守住自己的宝。

要想牢牢巩固好欲望的底线，还必须做到宠辱不惊。诗人汪国真说："月圆是画，月缺是诗；仰首是春，俯首是秋。"无论生活中出现了怎样的景色、遭遇、变故，都能够以积极乐观的心态去对待。就像范仲淹所说："不以物喜，不以己悲。"香港作家倪匡说得更彻底："顺、逆，都是一个人的意念。"因此，当命运的乌云席卷而来的时候，你不妨亮出心灵的光芒，去驱散无情无义的阴霾。只有做到如此淡定，你才能简单地活着，快乐地活着。

而要宠辱不惊，其实就是实实在在地活着，不去计较太多，尤其是不去计较结果。有一位夫人曾督促罗曼·罗兰抓紧写作，快出成果，他却回答说："一棵树不会太关心它结的果实，它只是在它生命汁液的欢乐流溢中自然生长，而只要它的种子是好的，它的根扎在沃土中，它必将结出好的果实。"他回答得很精彩。身边的世界喧哗嘈杂、灯红酒绿，只有守住自己的本心，才不会迷失自我，才不会扰乱自己的生活。

苏轼说："平淡乃绚烂之极也。"照此说法，简单就是经历千锤百炼如此"复杂"后的状态、境界。可见，简单，不是空白，不是粗糙，不是简陋，而是汇集了人生百味的丰富与安静。因此，简单地活着就是快乐而高贵地活着。

（韩青）

如何巧语化解社交中的尴尬

你早退时遇上老板，冲进电梯后却发现只有你和首席执行官两个人，在这些尴尬、难应付的场合里，你应该做何反应呢？

你正在快餐店里排队，有人走过来打招呼，你却怎么都想不起他的名字。

"我发现，最简单的方法就是报之以微笑，让他自己说出名姓。"纽约市著名的餐馆老板叙瑞欧·马克考尼说，"绝不要问他是谁。你最终会从他自己的谈话中知晓，或者等他离开后通过询问其他人弄清楚。"

另一个选择：如果那位神秘人士与你打招呼时没有叫你的名字，你可以重新介绍一下自己："嗨，你好！我认识你，我是某某。让我想想，我们是怎么认识的。""他也许能从中得到提示，告诉你他的名字。"《CEO教材》一书的作者黛博拉·本顿说。

当然，还有一个备份选择。如果你是与其他人在一起，比方说你爱人，你可以向那位半陌生人介绍你爱人的姓名，希望他能以同样的方式作出回应。如果你的同行训练有素则更好。"我的家人都知道，如果我不把他们介绍给某人，这就说明我忘记那个人的名字了，需要他们的介入与帮助。"弗吉尼亚州全球事务国际礼仪咨询公司的创始人菲特尔·斯隆说。

现在是星期四下午，你头上戴着卷发杠，悠然地坐在一家理发店里做头发，你的老板突然走进来。

尽管本能告诉你要把脸藏在画报里，但是千万不要这样做。"如果你一直按时完成工作，能令你的老板满意，那么偶尔一天早退并不要紧。"新泽西州一家沟通培训公司的总裁芭芭拉，佩迟特说。

相反，要勇敢、开朗地和她打招呼。"一般说来，掌握主动的人能够设置谈话的基调。"菲特尔·斯隆说。简单地讲讲你早退的原因。"表现出你相信自己欠她一个解释——例如，也许你做头发的唯一原因是要赴个约会。约会完你还得马上回家给家人做晚餐：务必传达出一个信息，即你很尊重这位上司的权威。"纽约市的一位律师兼调解人劳瑞·普和恩建议道。当做完头发后，你应该立刻和她告别并离开理发店。

在一个派对上，你遭遇到一个朋友的横加指责。

不管是何种主题的派对，你首先应该维护的是主人与宾客的面子。"走到对你不满的朋友面前，面带微笑地告诉她，过几天你想和她一起喝咖啡。"菲特尔·斯隆说。你的目的是让她知道，此时此地不是她对你发泄私人情绪的合适地点与场合。菲特尔·斯隆说："一旦你送出橄榄枝，就可以走开。等你回家后，再给她打电话定约会日期。"

如果你害怕她对你大吼大叫，或者与她讲话的想法令你感觉紧张不安，那就"做一个深呼吸，挺直身子，去找其他人交谈。"纽约市戏剧新学院的表演指导凯西·比格斯建议道："注意力要完全集中在与你交谈的那个人和谈话上，很快，你的焦虑就会消解，再次享受到派对的乐趣。"

电梯即将关闭，你一步冲了进去，让你深感"惬意"的是：电梯里就你和CEO两个人。

是的，这可能是你给上司留下良好印象的时机，但是，那一时刻也许是他一天中唯一的沉思时间。做什么最适宜呢？无论是说一句"您好"后就边说"祝您一天愉快"边退出电梯，还是在两句话之间再增添些内容，你都不要表现得太过激动。当与任何惊吓到你的人（乘电梯遇到CEO，在飞机上发现坐在旁边的是一位手握重权的官员）近距离接触时，你都需要注意这一点。另外，你要知道，他或她也"希望与人建立联系，并想从你那里了解到周围的情况。"菲特尔·斯隆说。

如果他或她在你自我介绍完之后，兴致勃勃地和你聊天，那么你就聊一聊他最近取得的成果，无论是一个大型并购项目的成功，还是一个新城市公园的落成均可，纽约市DKC公司的公关主管肖恩·卡西迪建议说。如果你突然迸发出一个想与他分享的好点子，征询一下他，你是否可以给他的助理发电子邮件。

前姻亲们突然来观看你孩子的篮球比赛，你窘迫得如同球场上的球员一样大汗淋漓。

不是所有的"惊"都会带来"喜"，但通常孩子都喜欢他们祖父母的看望，所以你应该允许他们有这样的时刻。大方地邀请他们与你坐在一起，引导他们谈论一些快乐的话题，比如球队正在做什么——绝对不要说你前夫或前妻的坏话。"这是一个融化他们之前对你冰冷态度的好机会。"佩迟特说。你与前家庭成员的任何互动，最佳话题都是孩子的近况，因为大家都可以参与进来。当孩子看到你与他们相谈愉快时，孩子也会感到轻松许多，并对未来需要整个家庭成员参加的重要活动抱有希望与信心。

当你走进一个ATM营业厅时，迎面撞见了刚解雇你的那个人。

"无论找到新工作与否，你都需要表现得优雅得体。"佩迟特说。装作很高兴的样子，对回避不开的问题——最近怎么样？给予一个乐观的回答，即使你过得并不怎么样。

"说说你将来的计划与打算。"佩迟特建议，"这样表明你没有沉湎于自怜中。"如果你已经找到喜欢的职位，那就大方地告诉他。

如果你想要与前老板开个玩笑，就尝试一下美国前总统乔治·W.布什的顾问玛丽·马特琳的做法。"我实际上喜欢遇到解雇我的人。"她说，"特别是如果我与其他人在一起时，我可以开玩笑地告诉他们这个小气鬼怎么把我给炒了。这会打破紧张气氛，引得大家开怀大笑一场。"

（卡蒂·麦克埃尔文）

放弃也是一种生存智慧

　　在一次文联举办的聚会中，我认识了这样一位文友，小学文化，在家务农，不知是不是真的出于对诗歌的迷恋，他从此踏上了写作之路。

　　他的诗作大家都看过，歪歪扭扭地抄写在一个大本子上，文化低和写字差实际都不是问题，关键是他的水平不高，写了十几年，没有发表过一篇作品。

　　在他的大本子上，只有一些当地诗词界的名家给他的留言，也正是这些不负责任的鼓励的话，使得他在人生的道路上走向极端。家中的农活他是一点不干，顶着一个诗人的名头，实际是一名懒汉，四十多岁的人，邋里邋遢，浑身上下一股酸臭气，妻子最终离他而去，在创作上的坚持不懈使他最终成为真正的孤家寡人。

　　当他捧着自己的诗作请人指正，当他声泪俱下讲述自己创作的艰辛，最终导致妻离子散时，对于他在诗歌上的坚持，别人再也不敢讲一句褒扬的话，大家除了劝慰，更多的是哀其不幸，怒其不争，他在不属于自己的道路上的盲目坚持，已把他的生活拖入了深渊。

　　智者的坚持是对形势有着准确的判断，愚者的坚持是对自身处境的懵懂不清，有时候放弃也是一种生存智慧，因为一意孤行、顽固不化的坚持注定要以惨烈的失败为代价！

（刘清山）

小音响与大师

　　他到美国后，曾在一家生产混凝土的工程公司上班，他的工作就是盖章。半年下来盖了十几万个章，他郁闷不已，几经权衡后提出辞职。老板收到辞职信后惊讶地看着他，说："你干得很好，为什么要辞职呢？"他鼓起勇气说："老板，这工作太枯燥乏味了，我不想过这样的生活！"老板听后微微笑着说："那给你换个岗位，你去当挖掘机司机吧，他爽快地答应了。"

　　挖掘机每天挖土运土，不断地重复驾驶动作。很快，他就对不断重复的驾驶动作感到枯燥了。四个月后，他再一次向老板提出辞职。

　　他准备离开公司。路上，经过一个工地，对面缓缓开来了一辆黄色的铲车，发动机声音巨大。他顿时对这辆铲车感到厌恶，但是很快一阵优美的音乐声让他心情大好。司机是个年轻人，自己动手把铲车进行了小小的改动，在其上安装了音响，每次播放出来的音乐总是那么让人振奋。一个在他看来枯燥乏味的工作，在这个年轻人的努力下，竟然充满了乐趣。他明白了，其实他也可以把一个枯燥的工作变成有趣的工作，关键要看面对工作时的心态，想到这，他又返回了公司。

后来他因表现出众，在老板的帮助下前往美国宾州大学读建筑学。他就是被誉为"现代建筑的最后大师"的贝聿铭。很多年后回忆起这段经历，他笑着说："小音响里蕴藏着大智慧，它改变了我的一生！"

（食指大动）

小心中了聪明的埋伏

　　一提起老鼠，相信每个人的第一反应就是聪明和机灵，但是，让我们来看看科学家们做的实验吧。一只老鼠在被扔进水里后，依靠鼠须的判断而逃离了困境。而另一只被剪断了鼠须的老鼠在被扔进水里后，则因无法作出判断而最后溺死在了那并不太深的小盆里。

　　由此，心理学家说：动物们会在对生命彻底绝望的时候，强行结束自己的生命，那是一种"意念自杀"。凭老鼠的力量应该是足以逃脱的，但为什么最后会溺死呢？心理学家又指出：老鼠的死因不是溺水，而是死于它的自作聪明上。它自以为无法逃脱了，于是选择放弃逃生而接受死亡——我想，它其实是中了聪明的埋伏。

　　有这样一个故事：几个人在沙漠中迷了路，唯一幸存的人却是一个智商不高的人。他甚至不懂什么叫海市蜃楼，他只知道要追着这些海市蜃楼去找水喝，最后，他做到了。而其余的人却统统渴死了，渴死在他们曾经所学到的那些丰富而渊博的知识，那些足以令他们自以为是的聪明上。类似的故事其实早就有，目不识丁的六祖慧能，却参透了聪慧的神秀所参不透的一段禅机，因而得到了五祖弘忍的衣钵。

但凡能够活得有声有色的都是"混沌"之人，大聪明的人凭着那股子聪明劲，常常瞻前顾后，容易萌生忧天之心，因此而比常人更易心生悲绝之情。也许，这就是他们悲剧人生的原因之一——这些聪明的人都是死在了自己设下的聪明的埋伏之中。"聪明难，糊涂难，由聪明而转入糊涂更难，放一著，退一步，当下心安，非图后来福报也。"郑板桥所见有多高明。

很多最后的主宰者看起来都不是太聪明，这些人甚至远不如身旁的军师参谋善断多谋，不如聘用的职业经理人聪明足智，但是，他们的智慧之处正在于他们的知人善任。星巴克的董事长霍华德·舒尔茨说过："认清你不具备的能力和特点，然后雇用具备这些能力和特点的人。"这正应了中国的那句古话："工欲善其事，必先利其器。"可是，大多聪明人都喜欢先把自己看成是那柄犀利之器，结果最先伤着的往往就是自己。要知道，聪明是不同于智慧的一种东西，智慧是圆满的，滴水不漏，可是，很多时候，聪明只是一个陷阱，它轻易地就让人深陷其中而无力自拔。还是孔圣人说得好："其智可及，其愚不可及也。"

我们都知道，锋芒毕露的刀锋最易钝挫，挺拔参天的树干最易折断。智慧的下品，显现的总是聪明，智慧的上品，表露的反而是大智若愚。看招聘的条件中常有这样一条：有N年工作经验者优先。一直不以为然，后来才知道，这正是老板们的智慧之处，一个有着

N年工作经验却又需要去应聘的人，他一定是早已看清了自己不具备成为老板的天分，于是，这样的人便更容易安心于用自己的聪明才智去表现自我，而这份强烈的表现欲望又将给老板们带来丰润可观的实际效益，最后必然就达到双赢之目的。

所以说，真正的成功，不是单方面的聪明，而是用智慧带来双赢。

（倾城）

宽容是一座桥

在生活中，人与人之间经常会发生各种各样令人不愉快的事，作为当事人，最明智的选择就是宽容。

最近，网络上"一条微博牵出两个家庭的爱与宽容"的帖子引起了我的注意。这起"以德报德"彰显爱与宽容的故事，发生在2011年8月13日上午。这天早晨10时许，农妇刘士圣驾着电动三轮车去临近的肥东县店埠镇赶集。她在回家的路上，发现正午的太阳下有一位老太太牵着一个小女孩正在公路上艰难地行走。刘士圣回头一看，认出这一老一小是同村76岁的李家珍老人和她的孙女小敏。为了帮助她们免得在火热的阳光下走路受苦，刘士圣便停下车提出顺路捎带祖孙俩。李家珍欣然应允。

当刘士圣载着祖孙俩行至一个弯曲特别大的道口时，突然一个小伙子骑着摩托车从对面驶来。为了躲避他，刘士圣猛打方向，由于打得太急导致电动三轮车侧翻倒地，三个人全都被甩了出去。刘士圣的腿被翻倒的车身牢牢地压住，李家珍和小敏则被甩在路边，老太太头部被撞得流血不止。三人被送到医院后，经诊断，刘士圣的腿部受伤较重，小敏只是受了点皮外伤，唯有李家珍最严重，因颅脑出血，次日晚因伤势严重而去世。

在李家珍被送往医院救治时，刘士圣的丈夫李道元立即回家取了5000元送去作医疗费，却被李家珍的儿媳李孝香婉言谢绝。心怀愧疚的刘士圣和丈夫认为，老人是乘坐他们的三轮车受的伤，无论花多少钱都必须补偿！在李家珍老人治疗的过程中，刘士圣和丈夫先后四次拿着钱到病房送给老人和她的儿媳，表示给予赔偿和承担治疗费，可老人的儿媳硬是不收。8月16日，李家珍去世的第二天，刘士圣和丈夫一早带着祭品和钱来到对方家中吊唁，坚持要予以经济赔偿，可又一次被老人的儿子和儿媳谢绝。

当人们问老人的儿媳李孝香，为什么一再拒绝对方的主动赔偿时，李孝香说："别人怎么做是别人，我们是我们。人家在路上捎带我婆婆和孩子纯粹是好心，再说路上出了意外事故也不是刘士圣的责任。我们不能让好人做了好事，却得不到好报。"在李孝香朴实的话语里，透出了一个理儿：他们看重的是人与人之间的感情，而不是金钱。一个主动做好事，发生不幸后主动担责；一个善良宽容，用最朴实的言行感动着人们。在这两户普通农家人的心里，只有"以德报德"这一最平凡却又最不平凡的做人处世观。

而宽容这座桥就是传递这种处世观的一条途径。如上述事件中的李孝香和刘士圣，在这起"以德报德"的事件中，宽容这座桥的此端是悲伤、心碎、痛苦，桥的另一端则是愧疚、不安、弥补。从此端到彼端，走过这座桥，就会使人与人之间的心灵得到沟通，让当事人共同享有爱和宽容；走过这座桥，人的生命就会多一份空间，多一份爱心，人的生活就会多一份温暖，多一份阳光。

《悲惨世界》的作者雨果曾说过："世界上最宽阔的是海洋，比海洋更宽阔的是天空，比天空更宽阔的则是人的胸怀。"若一个人拥有这样的度量，那还有什么东西容不下呢？

（卞文志）

伤害，也是一笔财富

　　有这样一个版本不同、大意相近的故事；从前，有一位农夫，生了个如花似玉的女儿。女儿初长成，提亲的踏破门槛。农夫为此伤透了脑筋，不知如何是好。后来在其妻的策划下，举行了一次别出心裁的招亲会。

　　"小伙子们，我的女儿在水塘那边，谁能从这边游到对岸，我的女儿就许配给谁。"农夫对小伙子们说，"不过，水塘里有五头大鳄鱼。"

　　小伙子们面面相觑，谁也不敢下水。沉默了几分钟，突然听到"咚"的一声，一个小伙子扑入了水塘。小伙子拼命地游着，终于爬上了对岸。

　　"多勇敢的小伙子。"农夫走过去，握着小伙子的手，说，"祝贺你。"

　　"不，不，"小伙子说，"我是被人推下去的。"

　　我向朋友叙述完这个西方笑话，朋友并没有笑起来，而是感叹地说："有些时候，伤害也是一笔财富。"

朋友的冷峻，让我感到惊讶，朋友的深沉，令我为之动容。我想问个究竟，朋友似乎猜透了我的心思，不待我开口，便向我谈起了他一段鲜为人知的往事。他毕业于师大中文系，分配在某农村中学执教。他在出色地完成教育教学任务的同时，挑灯夜战，进行业余文学创作。校长说他不务正业，并剥夺了他上课的权力，专事打铃和油印。作为一名大学本科生，荒废专业干勤杂，当初，他心理上的确难以承受。但他很快冷静下来：这样不是有更多的时间和精力去圆自己的文学梦吗？因此，他欣然接受了这个角色，并珍分惜秒，全身心投入写作。功夫不负有心人，他的作品不断地在全国各大报刊上刊登。不久，他被吸收为省作协会员，最后被调到市文化馆，从事专业创作。

"与那位偶得佳丽的小伙子一样，我也要谢谢别人的伤害，不然，哪会有我今天的成就？所以说，有些时候，伤害也是一笔财富。"

伤害也是一笔财富？这句话，好像一盏台灯，日后每当我受到别人伤害、生活黯淡无光时，我就把它摆在我的心案上，凭借它的光亮，来审读人生。

并不是所有的爱护，都有一个美丽的结局，并不是所有的伤害，都只能是一个悲切的尾声，盐碱滩里，也能结出红花硕果。

人最大的对手，往往就是自己：自己迷惑自己，自己束缚自己……以至于畏手畏尾，首鼠两端。这样，既错过那花缀绿叶的昨日，又错过了果满枝条的今朝。人很难战胜自己，但别人的伤害，一把将你推下"水"，你别无选择，不得不拼命挣扎，把伤害转化为一种力量，在自己与自己的斗争中，最后战胜自己。

伤害是一笔财富。如果遭到别人的伤害，切忌自暴自弃，不妨将错就错，一直坚持下去，幸运之神就会降临到你的头上，而且，当你再回望过去，你会认识到，要是没有从前的伤害，就不会有日后的努力和成功。牧星先生的一首诗写得真好：

我相信有一天

我流过的泪将变成花朵和花环

我遭受过千百次的遍体鳞伤

将使我一身灿烂

……

（石剑光）

怎样退出无谓的争辩

在现实生活中，朋友、同事或上下级之间常常会因为微不足道的小事而争辩起来，公说公有理，婆说婆有理，互不相让，有理说不清，空耗时间和精力，往往还伤了和气。这实在是得不偿失的事。明智的办法是"三十六计，走为上策"，尽快退出无谓的争辩。

如果你不幸介入了一场无谓的争辩，应该怎样退出呢？怎样才能达到缓和乃至消弭矛盾冲突的目的呢？你应该在"退"之前，预先考虑好"退"的策略，下面几种解脱的方法比较可行：

一、以静制动法

有的人自恃口若悬河，能说会道，于是处处发表"高见"，时时与人争辩。其目的是为了显示自己具有非凡的口才，非等闲之辈。如你遇上了这类"雄辩家"，怎么办？摆开架势与他争个水落石出，辩个一清二白吗？不，那样不仅是徒劳，而且有害无益。最好的办法是以静制动，一笑置之。不管他发表了什么高论，你都不要表示赞成或反对。装聋作哑，不露声色，干自己的工作。"宰相肚里能撑船"，一则显示你的大度，二则避免伤害友情。也可以"顾左右而言他"，借助报纸上的重大的新闻、杂志上的趣闻等，把话题转移到更重要、更有趣的事物上，你就可以从容脱身了。

二、客观理由法

要摆脱一场无谓的争辩，也可以采用"客观理由"法，此法旨在强调"非我"的客观原因，找一个借机而遁的借口。例如，可以抬腕看看手表说："对不起，先生，我有急事，不得不告辞了。"或者说："时间到了，我马上要去上班，关于这个问题我们以后再讨论吧。"然后扬长而去。

三、幽默自损法

面对强词夺理、胡搅蛮缠的争辩对手，要轻易摆脱是不行的。这时不妨幽默地自我贬损一下，主动缓和剑拔弩张的气氛，然后巧妙地退出无谓的争辩。例如，有两个大学生争论哲学问题，甲坚持"看不见的便不存在"，乙据理驳斥，甲拒不认输，强词夺理。乙忽然一板一眼地问："你看不见的就不存在，对吗？""不错。""那你妈生你时你看不见，那你妈生你这件事存在不存在？"甲涨红了脸，几乎跳起来。乙见状，边笑边指着自己的鼻子说："别恼，我也是妈生的。"甲苦笑着言和作罢。

乙为了辩理，口不择言，伤了甲的自尊，也使甲彻底败北，一时气氛紧张。乙能凭幽默的自贬自损及时弥合了二人关系的裂痕，结束这一场无谓的争辩，算得上知进退了。如果乙不如此，双方唇枪舌剑还有个完吗？

四、为人置梯法

如果你在争辩中已胜券在握，此时，切勿"剩勇追穷寇"，因为失败的一方为了顾全自己的面子，虽然理亏词穷，也要强词纠缠，心服却口不服，甚至发生越辩越不清的情况。这时，你应主动让步，成全对方的面子，"搬梯子"给对方下台。例如，你为了给对方铺台阶，可以假定双方在一开始时没有掌握全部事实。你可以这样说："当然，我完全理解你为什么会这样设想，因为你那时不知道那回事。""在这种情况下，任何人都会这样做的。""最初，我也是这样想的，但后来当我了解到全部情况，我就知道自己错了。"你这样了，对方十之八九会顺梯而下，结束这一场争辩。

林肯曾经告诫他的下属："你们的工作难道不够繁吗？为什么还有多余的时间去跟别人争辩呢？况且互相争辩，总得不偿失。"当我们面对日常生活中无谓的毫无意义的争辩时，应坚持"和为贵，走为上"的原则。因为这不仅能节省宝贵的时间和精力，更重要的是，不会因为不愉快的争辩而不欢而散，伤了朋友之间的感情，同时使你最终能赢得朋友的好感。

（黄中建）

失意时振作自己的十个方法

人生谁无失意时？在这样的时刻，转败为胜的起点是不要潦倒，十个方法可能于事有补。

一、重新确定你的价值。每天早晨用一分钟的时间提醒自己作为一个人，内心价值不应建立在有个工作的基础上，同时利用这个时间建立对自己的尊重。你值得这样做。

二、整理内务。如果事业上的不成功使你泄气，不要把这种情绪带出屋去。把住处保持清洁整齐你会感觉好些。

三、按时起床穿戴整齐。蒙头大睡几天甚至一两周都可以，但养成习惯不会帮你在睡梦中走出消沉抑郁。尽力早起，上午九点前穿好衣服，把时间利用好。

四、开发自己的创造力。你总会找到时间做自己一直想做的项目。做些具体、可以指着它说"这就是我做的并以此为自豪"的事情。

五、做志愿者。找不到薪酬满意的工作并不意味找不到工作。拿出你的全部技能和热情做事，使自己忙起来。做个奉献者会感觉更好些，能够满足他人的需求能保证你拥有健康人格和自尊，没准儿还能遇到新的、有同样想法的人一道向着把世界变得更好的目标努力工作。

六、坚持锻炼。失意时正是你离开沙发、出去看看含苞蓓蕾、绕着邻里散散步的时候。科学证明有规律的锻炼可以释放内啡肽缓解压力、焦虑和抑郁，因为它可以在情绪和身体中激发积极情感。踏着你喜欢的音乐、叫上好友，每天拿出一定时间去锻炼吧。

七、说声谢谢你。你此时可能正在感叹命运弄人，但停下来回想一下，它真的那么糟糕吗？不要让失意的乌云在你美好回忆的上空阴雨绵绵。如果用片刻时间表达一下谢意，你就会感到身上有力量产生，共鸣储存在你的内心隐秘处；心怀感激开始每一天，即使是炎热日子里的一丝凉风，都会使你更快乐、更自信。

八、社交网。即使你没工作，那也不是说你就应该禁锢、压抑自己失去所有乐趣。如果你在为钱烦恼——也不要汗颜，即将到来的夏天意味着你可以有很多户外活动，策划一次自行车郊游或公园野餐，和相识故知重新建立联系并请他们带朋友来，这样你就可以和潜在的新朋友建立关系了。

九、自我教育。读报、从书架上拿下一本畅销书，参加课程或网上你喜欢的主题讨论，做些能刺激思维和使自己保持与外界联系的事情，你会因消息灵通、融入社会感觉好些，并且这样的自我教育可能会为你将来的机会打开大门。

十、奖励制度。没有工作不意味着没有责任，还有要发出的简历、要买的日用品、要洗的衣物、要做的一系列家务。用小奖励的办法战胜内心的惰性，鼓励自己完成不喜欢的任务，划去每天"应完成"列表上的事项。一定为自己规定很现实的任务，完成后祝贺一下自己。

你愿意试试这十个方法吗？我们还可以交流一下感受。

（沈畔阳）

当你面对拒绝的时候

　　谁都不愿意被拒绝，因为拒绝意味着：不被需要，不被喜欢。尤其对于一个电影明星来说，拒绝所带来的打击更为严重。

　　1993年，我拿到影片《角逐海明威》的剧本，它讲述的是两位老人在人生暮年结下友谊的故事。剧中主人公弗兰克是个一心想充当硬汉的脆弱流浪者。"这个角色很适合我。"我心想。影片的导演是兰达·海茵茨，她曾因执导《仕帝之子》而家喻户晓。我还从未跟女导演合作过，因此我非常渴望有这种经历。

　　我给我的代理人打电话，尽量按捺住内心的激动："那个角色是我的！"我说。

　　"我知道你是很棒的，但……"他好像犹豫不决。"那就签约好了。"我很自信地回答他。

　　很长时间过去了，可我没有得到任何答复。一天，兰达出人意料地来到我家与我面谈。我们谈得很投机。我给她讲我的经历，讲我对塑造弗兰克形象的设想。她坐在那儿，静静地听着。

　　为了给她留下深刻的印象，我站起来讲我父亲的故事。"我父亲决定戒烟，你猜他是怎么做的？他故意把香烟放在胸前的口袋里，当他想抽时就拿出香烟，瞪着它，说'你厉害还是我厉害？我厉害！然后他又把香烟放回口袋里……"我惟妙惟肖的模仿令兰达忍俊不禁。

第二天，我的代理人给我打来电话："她真的很欣赏你，柯克，但……嗯……"

"什么？"

"她想用理查德·哈里斯！"

我眼前一黑，差点儿晕过去。我认识理查德，还曾与他一起工作过。"他很好，"我说，"但我觉得，我更适合演这个角色！"

"可是，兰达觉得理查德更好一些！"

"既然这样，那我该怎么办？"

"这个……"他开始结巴了，"电影厂想来个试镜。"

"试镜？"我失声叫道。

"如果你想得到这个角色，就必须试镜。"

我从1946年到好莱坞拍片以来，就从不用试镜。"但转念一想，唉，算了，别想那么多，"我对自己说，"如果你觉得自己适合这个角色，那就试镜吧！"

试镜那天，我一大早就到了摄影棚。我见到了很多老熟人，他们很惊讶，我竟然也来试镜！于是，我竭力用说笑话来掩饰自己的尴尬，直到兰达到场开始试镜时，我才如释重负。轮到我时，兰达要求我围着屋子倒着跑。当试镜结束时，我已精疲力竭，全身像散了架般，但心里却很高兴。我想，我会如愿得到这个角色的。

我在渴望中等了许多天，可迟迟没有回音。终于，我接到了代理人的电话。

"怎么样？"我迫不及待地问道。

"她还是想用理查德。"

我竭力控制自己的情绪，我快要崩溃了，我真想哭！绝望至极的我给理查德写了个纸条。"亲爱的理查德：这是一个很重要的角色，我真的希望我能扮演它。不过，你会十分成功的！"

"别再为失去的东西而痛心了！"我劝慰自己。我知道影片《角逐海明威》将成为轰动之作，因此，我对自己没能参演此片而伤心不已。

当《角逐海明威》封镜时，我急切地希望看到它，于是就搞了一盒该片预告片的录像带，锁上门一个人在屋子里看。可看了以后，我感到很迷惑。在我的印象中，它应该是一个轻松活泼的影片，可事实上它却拍得很冷清、单调。而故事中两位老人之间的友情，也没有被充分地表现出来。

"一定是我搞错了！"我心里想，"肯定是我按自己的想象去评价它了。"然而，后来观看的一些评论家也认为它很糟。自然，影片也就成了短命鬼。我陷入了深深的沉思之中，这对我来说是喜还是忧？是得还是失？我应深深地遗憾还是暗暗地庆幸？

　　这些问题，当时我还无法准确地回答。但当很多年过去，我经历了更多的事后，我突然意识到，被拒绝并不等于厄运降临。而在我们的一生中，像这样的拒绝我们一定不会经历一次。想与爱人外出旅行，但爱人并不愿意现在付诸行动，于是旅行的时间一拖再拖；想与平日不常见面的朋友聚会，沟通一下感情，但朋友以工作繁忙为由，婉拒了邀请；本以为唾手可得的订单，没有想到，对方却不愿意交给你来办理……这样的拒绝，总是在生活中与你如影随形。

　　那时的我，还不明白被拒绝是常态，不被拒绝是特例的道理。所以，当面对导演的选择时，我崩溃得直想哭！现在想想，如果当时我能询问一下导演不用我的原因，然后从中吸取经验，弥补自己的不足，或许我就会有另外一种收获了。

　　当然，现在认识到这些还不晚。拒绝，总是以一种令人痛恨的方式来教会你成长。而从这些令人恼怒的痛恨中，找到适合自己的营养，这才是我们面对拒绝时应该持有的明智态度。

（道格拉斯　颜士州）

冲动与善意

今年秋天，我在纽约小住。一个清新的早晨，我和朋友从西72号大街地铁车站开始，慢步穿过中央公园。公园的小路上传来优美的爵士音乐。寻着音乐声，我们发现原来是4个打扮时尚的美国大学生，正在用心地演奏，看得出他们非常投入。驻足聆听的人越来越多。

但显然不是每个人都喜欢这样的音乐，一位围观的老人开始大叫大嚷。大学生们试图"忽略"这位老人的干扰，继续忘情地为他们的众多"粉丝"演奏。但情绪激动的老人丝毫没有要"忽略"音乐的意思，他竟拿起拐杖，在大学生们的乐鼓上使劲地敲打。年轻的鼓手终于忍无可忍，他停止击鼓，一把将老人推倒在地。

在场的人开始指责这位年轻的鼓手。大家都向倒在地上的老人围了过来，准备将老人扶起。这时，年轻的鼓手急忙拨开人群，蹲在老人旁边，握住老人的手，和老人说了几句话，虽然我没有听懂，但我永远都不会忘记年轻鼓手把老人扶起来的情形，他将手臂环绕在老人的肩上，搀扶着老人走出人群。

如果不是目睹了事情的整个过程，我会以为他们就是一对早晨来公园散步的幸福的父子。突然变糟的事情又在瞬间恢复美好，真是令人惊喜。

每个人都有因冲动而犯错的时候，就像这位年轻的鼓手一样。但请记住，在冲动过后，要让自己迅速冷静，用自己善意的行动来为自己造成的糟糕局面做尽可能大的弥补。这样，事情就不会继续变糟。

（王致诚）

熟悉的地方没风景

去海南旅游，傍晚在海边的一家餐馆吃海鲜，恰好餐馆老板是东北老乡，他来海南开餐馆20年了。我望着霞染碧波、游人如织的窗外说："这儿的风景太美了。"

不料老板漫不经心地说："这儿除了水还是水，没啥意思，要说美还得数咱家乡的深山老林，记得我小时候抓野鸡、套兔子、采蘑菇、摘木耳，那才叫美呢!"

当时我的感觉是：老板对这儿太熟悉了，天辽海阔、帆影点点、涌浪推岸、椰林缀翠，在他的眼里已习以为常，不再有美的含义，而常年居住在深山老林的人，也同样感受不到那么多的美感。

生命旅途中，最难摆脱的境遇往往不是贫困，不是厄运，而是精神和心境处于一种无感受、无知觉的疲惫状态。曾感动得不能再感动，曾吸引得不能再吸引，甚至曾激怒的也不能再激怒，这便是熟悉的地方没风景了。

（周铁钧）

文化与教养

    著名画家韩美林在参观上海世博会归来后感叹："奏国歌时有人不站起来，有人乱扔杂物，有人搞特殊不排队，有人随便触摸展品……别看那些人衣着不错，似乎是文化人，但做起事来，大没教养了。"在这里，韩美林提到了"教养"二字，并且与"文化"联系在一起。

    教养是对人的行为方式的评价，是一个人文化和品德的修养，它通过人的言语举止展现出来。教养的证据不是学富，无论你读过多少书，写出多少长篇大论的文章，还是你通晓多少礼节，并能够熟练使用刀叉、会穿晚礼服……这不是真实意义上的有教养，仅是教养表面的气泡而已。

    高学历只说明你上了多少年学，不表明你有教养。教养是礼貌、风度、修养、德行和健康心理的混合体。教养是所有财富中最昂贵的一种。做一个有教养的人，比做一个有钱、有学历的人更重要。

    当然，教养离不开文化。多读书、读好书，高等教育肯定能提高一个人的精神境界，开阔人的视野，提升一个人的修养。可现在受过高等教育的人不少，但表现出没教养的地方随处可见，我们是不是也该将培养有教养的国民作为一个奋斗目标呢？在西方社会，最没教养的行为就是闯红灯了，多么绅士的男人一旦闯了红灯，那比中国人"跑破鞋"都丢面子；可是在我们这儿，谁的面子大身价高，反倒理直气壮地闯红灯，那算特权，不算没教养。在西方，无论是登机还是上火车，大家都是一样的排队，不排队先行的人，就是没教养的人；可在我们这儿，贵宾室就是为某些大人物不排队就可先行准备的，谁能说那些人有教养？有文化不等于有教养，有教养未必有文化。

比如，很多人认为满街叫喊"磨剪子抢菜刀""破烂换钱"的人就不会有教养，因为他们不会打领带，不懂得吃西餐，听不懂德西彪、门德尔松，他们甚至不知道尼克松与落叶松哪个铺地板更好。可是他们知道不能糟蹋用汗水换来的粮食，谁说他们没教养？我们看看那些最有慈爱之心的人，把孝道与人道能拧在一起的人，就是我们没有多少文化的祖辈们。他们的教养不是一个人的教养，而是一个民族的教养。

人的教养不应该是身份的高贵，不是权势，不是金钱，不是家庭背景如何显赫，不是官位有多重，不是学历有多高。车尔尼雪夫斯基的一段话精辟地诠释了教养与文化的关系，他说："要使人成为真正有教养的人，必须具备三个品质：渊博的知识、思维的习惯和高尚的情操。知识不多就是愚昧；不习惯于思维，就是粗鲁或蠢笨；

没有高尚的情操，就是卑俗。"所以，真正的教养是人性上的仁善，是对待一切生命的敬畏与热爱。可审视一下时下我们的教养，有多少是做给别人看的，有多少是文化的外壳，而不是我们自身的心灵需要。

（王瑞）

人生不过如此

　　人生之享受包括许多东西：我们自己的享受，家庭生活的享受，树、花、云、弯曲的河流、瀑布和大自然形形色色的享受，此外又有诗歌、艺术、沉思、友情、谈话、读书的享受，后者这些享受都是心灵交通的不同表现。有些享受是显而易见的，如食物的享受、欢乐的社交会或家庭团聚、天气晴朗的春日的野游；有些享乐是较不明显的，如诗歌、艺术和沉思的享受。

　　我觉得不能够把这两类的享受分为物质的和精神的，一来因为我不相信这种区别，二来因为我要做这种分类时总是不知所从。当我看见一群男女老幼在举行一个欢乐的野宴时，我怎么说得出在他们的欢乐中哪一部分是物质的，哪一部分是精神的呢？我看见一个孩子在草地上跳跃着，另一个孩子用雏菊在编织一只小花环，他们的母亲手中拿着一块夹肉面包，叔父在咬一只多汁的红苹果，父亲仰卧在地上眺望着天上的浮云，祖父口中含着烟斗。也许有人在开留声机，远远传来音乐的声音和波涛的吼声。在这些欢乐之中，哪一种是物质的，哪一种是精神的呢？享受一块夹肉面包和享受周遭的景色(后者就是我们的所谓诗歌)，其差异是否可以很容易地分别出来呢？

难道我的假定太过分了，拿人生的正当目的这个未决定的问题来做论据吗？我始终认为生活的目的就是生活的真享受。我用"目的"这个名词时有点儿犹豫。人生这种生活的真享受的目的，大抵不是一种有意的目的，而是一种对人生的自然态度。"目的"这个名词含着企图和努力的意义。人生于世，所碰到的问题不是他应该以什么做目的、应该怎样实现这个目的，而是要怎么利用此生、利用天赋给他的五六十年的光阴。他应该调整他的生活，使他能够在生活中获得最大的快乐，这种答案跟如何度周末的答案一样实际，不像形而上的问题，如人生在宇宙的计划中有什么神秘的目的之类，那么只可以作抽象而渺茫的答案。

（林语堂）

跟随你的心

哪一种态度更能解决问题

如果你正搭乘一架喷气式客机飞行在欧洲上空，突然，机翼上的一个引擎掉下去了，你希望飞行员有什么反应呢？你希望他告诉乘客："请保持镇静，系好安全带。飞机可能会有一点儿颠簸，不过我们一定会想办法安全降落的。"或者，你希望机长在飞机上走来走去，大声尖叫："我们死定了！我们死定了！"哪一个人会带领你安全降落到地面呢？

在日常生活中，我们就是自己的飞行员。哪一种态度更能解决问题——"我们一定会想办法。"这才是积极的思想。虽然不能保证一定有用，却给了你机会。

失败者的眼光专注于不可能做到的事，到最后他们只看到什么都是不可能的。思想积极的人，由于把注意力集中在可能做到的事上，所以往往能够心想事成。

潜意识是我们所有思想的组合

最常想到的事，构成了个人最强烈的潜意识行为。要进一步了解积极思想的真正意义，就必须对潜意识有所认识。

大脑像核桃一样，分为上下两半。上半部是有意识的部分，包含连续不断的思想，下半部是潜意识，包含天生的生理现象，例如呼吸、消化，还有后天的模式，例如走路和说话。

现在，假设你在学习开车。每次要转弯的时候，大脑上半部的思维就是："把右脚抬高，往左移12厘米，轻轻踩刹车。"经历学习过程之后，这个有意识的想法在你脑子里反复出现并停留了几个月，自然会演变成不需思考的刹车模式，也就是说，你脑子里增加了一项积极思想——新的潜意识的模式。

因此，经验丰富的驾驶者在开车五个小时回家后，还可以对自己说："我根本不记得自己是怎么开车回家的！"潜意识替他完成了任务。任何有意识的积极思想，经过一段时间的重复，就会形成潜意识的模式。

那么，如果你脑子里一直想："我是不是一个穷光蛋？"几年之后，会发生什么情况呢？你不必再想，它已经形成一种消极思想的自动模式。换句话说，你不必特地做任何事，就可以让自己变成穷光蛋了！

很简单，每人每天大约会产生五万个想法。大多数人所想的以消极思想为主："我又胖了！我记性真差！我又透支了！我什么事都做不好！"

如果我们脑子里大都是消极的想法，结果会形成怎样的潜意识行为呢？当然是负面的行为。因此，生活和健康也就在不知不觉间受到了破坏。

有些人常常奇怪，自己为什么会一文不名、日子过得穷困悲惨，其实这是因为他们一再重复同样的思想。既然学开车可以从熟练转变为条件反射模式，你种种消极的想法当然也可以因同样的道理使自己成为迟到大王，使自己日子过得穷困悲惨。当你了解潜意识的运作模式之后，你明白了每个人并非注定要做失败者，你的未来掌握在自己有意识的思想中。只要有规律地训练你的头脑，新的有意识思想就能创造新的潜意识模式。你既然可以发展潜意识行为来驾驶车辆，你当然也可以发展潜意识行为让自己更成功。当然，这需要有纪律的思维模式和一些时间。

弗雷德参加了一个激励性的研讨会，立志全心投入积极思考。他说："我要让自己的生活有180度的转变。"第二天早餐之前，他定下了几个目标："升职、买劳斯莱斯、买豪华别墅……"接下来的几天，他还是像平常一样，老是充满消极思想。到了星期五，弗雷德说："我看这所谓积极思想的东西，也没什么用了。他大概把每天48000个消极思想，减到47500个——他还在奇怪为何自己竟然没有中彩票、治好风湿，并且依然和老婆整天斗嘴。要知道，仅仅一天采取积极的思考方法是没用的。训练头脑就像锻炼身体一样，做20次俯卧撑后，在镜子前左照右照，不可能看出任何变化。同样，只做24小时的积极思考，也不会有什么差别。然而，只要能持续思考几个月，你生活上的改变一定远比健身房带给你的改变更大。"清理内在思想"是一辈子的事情，工程非常浩大。而且，往往会因为我们明明相当消极却不自知，而变得难上加难。

如果你想了解自己的思想，不妨先检查一下自己的生活。你成功与否、快乐与否、人际关系的好坏，甚至你的健康状况，都反映了你平日的潜意识思想。

注意力集中在你喜欢的优点上

弗雷德和玛丽第一次相约共进晚餐，他下定决心要过一个美好的晚上。玛丽的色拉酱不小心滴在腿上，弗雷德说："没关系，我帮你擦。"她家里的钥匙弄丢了，弗雷德说："小事情，我也常常丢钥匙！"

三年后，玛丽和丈夫弗雷德一起外出用餐，她不小心把色拉酱滴在腿上，弗雷德说："脏死了！"她的钥匙不见了，他说："笨蛋！"

由此可见，我们怎样看待别人完全操纵在自己手中。当你"想要"喜欢一个人时，就可以容忍对方，但是想要对一个人发脾气时，就会处处挑剔他的毛病。所以说，并非别人的行为决定我们对他们的看法——而是我们本身的态度。

大多数人花更多的时间去想负面的事，而不是正面的事。玛丽的脑袋中就有两份有关弗雷德的评分表。第一份是简单列出弗雷德的缺点。第二份是详尽列出弗雷德的优点：友善、幽默、慷慨、可爱的屁股。

　　结婚以来，她所有的注意力都放在那张简表上面，所写的是丈夫惹她生气的几件事——"每次看完报纸，都把报纸丢得满桌都是""每次上完厕所，都不把马桶坐垫放下来"。有一天，弗雷德被货车撞死了，她又想起那张详表："弗雷德真是天下少有的好人——仁慈、慷慨、工作认真……他真是个好丈夫。"

　　如果我们真的要列出评分表，最起码我们是不是应该采取相反的方法呢？首先，把注意力集中在他们可爱的地方，一旦他们不在，再用"他睡觉时也打鼾"等想法来安慰自己。

　　如果我问你："你母亲有什么不好？"你能找出她不好的地方吗？如果我说："请你就她的外表、态度、行为，说出五项你不喜欢的事情。"你说得出来吗？我相信一定可以。如果有足够的时间，你甚至可以列出100项、1000项。想到最后，你或许一辈子都不愿意再见到她了。

　　总是将注意力放在负面事物上的人，通常会为自己辩解："我只是实话实说罢了。"事实上，是你创造了那个现实。你选择了怎样去看待你母亲，也选择了怎样去看待别人。现在，随便想想一个你认识的人，把注意力集中在喜欢他的优点上，你们的关系会立刻改

善。这样做也许很不容易，甚至会令人有些害怕，但是这个方法绝
对有效。

心存感激与获益丰盛

所有的心理辅导都鼓励我们心存感激。

心存感激是为了让我们自己获益。理由很简单，当我们把注意
力放在某一方面，就会在那方面有收获。能够对自己拥有的东西心
存感激，我们的内心就会更充实，收获也更丰盛。

我认识我的太太朱丽时，就发现她虽然有种种美德，却有一个
小缺点——她的算术非常差。但是，尽管她始终算不清自己赚了多
少钱、欠了多少钱、用了多少钱，她却一直过得很充裕。从朱丽身
上可以很清楚地看到，就生活品质而言，心存感激的心以及积极乐
观的态度，远比逻辑和数学来得重要。

（沈农夫）

快乐者胜

我是一个大大咧咧言行无忌的乐天派。

一般人很难相信，其实我的整个青少年时期都是敏感而忧郁的，随便一件什么事都可以让我不开心很久，比如被人嘲笑啦、考试不好啦、餐票丢失啦、办事不顺啦、好友误会啦，等等。还记得读高中时，有人从什么书上看到一段关于少年白头者的评价，说是"多愁善感自作多情"，我虽然嘴上极力抗议，心里却是忐忑的：自己不正是这样一个人吗？

对我性格转变产生很大影响的是一个绰号叫老水的朋友。他是个哪怕明天没有早餐吃也可以在今天的晚餐上谈笑风生的人，"反正明天没早饭吃了，先将这顿晚餐吃好再说！"他乐呵呵地说。我曾经不止一次地被他嘲笑为"迂腐""固执""杞人忧天"。他的分析永远一分为二，富有辩证思维的特色。假如要在他和谁之间抽签决定一个人被杀头，老水一准也会满不在乎地说："首先未必会抽中我，不是才50%的可能吗？其次就算抽中了我说不定人家还会临时改变主意；就算人家不改变主意，杀头未必就比活着糟糕，最起码就不用考试了。"

我一度很不认同老水的人生态度，甚至有些鄙视他得过且过的庸俗和慵懒。从小到大的教育都鼓励我们"力争上游""勇攀高峰"，所有的英雄楷模无不精益求精不甘人后，甚至身残志坚。

但是后来我慢慢发掘了老水这种处世态度的积极意义：同样都是高考落榜，人家精神恍惚几近疯癫，唯独他乐呵呵地打工去了；同样都是高强度的劳动，人家怨天尤人，唯独他忙里偷闲；同样都是春运挤火车挤成沙丁鱼条，他还有心思用脚打节拍。他说：有的人改变命运，有的人改变对待命运的方式。怎么活都是一辈子，我还是愿意活得少些愁苦。

事实上他比谁都更有抱怨的理由，家境贫寒、父亲多病、上了中专线却被人顶替、高中三年有两年半交不起学费、家里给的生活费不及人家的三分之一……如果不是适者生存的哲学在支撑着，他甚至挨不到读完高中。

与快乐相对的是痛苦，而痛苦绝大多数情况下是因为现实与理想的差距，殊不知差距太大的理想其目标设置本身就很可能是一种错误。泰戈尔诗云："云儿愿为一只鸟，鸟儿愿为一朵云。"其实云的理想就应该是做好一朵云，而鸟的理想就应该是做好一只鸟。很多人忙忙碌碌，未必是向着自己的本性奔进。年薪1万者羡慕年薪10万的，而年薪10万的羡慕年薪100万的，但在生命本质的快乐上，很难说谁收获的一定更多。

2005年我和爱人同车遭遇一场车祸，更让我明白生命的无常。不说作为自然规律的生老病死，每年死于车祸的人数全国就接近10万人，何况还有不期而至的地震、泥石流、暴风雨、龙卷风、冰冻……生命实在只是一个偶然，人只能活一辈子，就算长命百岁也只有36500个日日夜夜，而每个日夜只有24小时，我们实在没有时间可以浪费在抱怨、忧伤、苦闷、仇恨和斤斤计较之中。

我在微博上写道：一定要善待每一个日子，善待每一个无可或缺的亲人和朋友，善待生命中所有的人与事，将每一天都过得快乐而充盈，一如尼采所说："你应当自由、无畏，存在于无罪的自私中自我生长和茂盛！"

（魏剑美）

做人须有"三心"

　　做人要有心，恒心、信心、决心、耐心、诚心、专心、虚心、爱心，这些都是做人应该具备的，它们能够支撑起人生的成功和生命的辉煌。但是，在所有做人应有之心当中，尤应强调必备以下三心。

　　做人要有怜悯心。对那些肉体或精神上遭受痛苦或者不幸的人，即使你不能提供切实的帮助，但能在心里对其表示同情，也是一种人性的向善。看到一个哭泣不止的孩子，你应有怜悯之心；看见一个流落街头的老人，你应有怜悯之心；看见一只惨遭伤痛折磨的小狗，你应该有怜悯之心；看见一棵被砍伐枯死的树，你应有怜悯之心。德国哲学家康德说过：有两种东西，我对它们的思考越是深沉和持久，它们在我心灵中唤起的惊奇和敬畏就会越来越历久弥新。它们一个是我们头上浩瀚的星空，另一个是悲天悯人的道德法则。一个有怜悯心的人，他的内心是善良的，他能够时时体察到人间的疾苦，对那些认识和不认识的人都怀有深厚的感情。这样的人，是负责任的人，一个高尚的人。

　　做人要有喜悦心。《菜根谭》中所说："天地不可一日无和气，人心不可一日无喜神"，就是勉励大家要培养自己的喜悦心。喜悦心是最好的人格状态，一个内心充满喜悦的人，他会对世间万物都抱有亲切的态度，他永远不做气氛和情绪的污染者。他自己快乐，并把这种快乐传播给别人，这既是一种美德，又是一种功德。古人云："有深爱，心生和气；有和气，心生愉色；有愉色，心生婉容。"一个人只有内心深藏喜悦，在神色上才能表现出微笑与和蔼，在行动上才能表现出积极和周到，他走到哪里，就会给哪里带来快乐。他用美好的眼光看待一切，他不会有恶意，不会杀生，不会犯罪。当然，喜悦心不是随便就有的，它来源于正见、正思维、正语、正精进、正念。

做人要有荣辱心。一个人不能混混沌沌地生活，他要分清什么是好，什么是坏；什么是对，什么是错；什么是香，什么是臭；什么是光荣，什么是羞耻。荣辱心本是做人应该有的素养与品格，但时下却有许多人分不清什么是荣什么是耻，并常常把耻当作荣。荣辱心是人类文明和社会进步的起点，失去了荣辱，社会信仰和道德就会出现缺失，甚至走向崩溃。

一个人，不管他的事业是否成功，不管他是否得道得势，不管他是否光辉耀人，但只要具备怜悯心、喜悦心、荣辱心，那他就是一个正义的人，一个正直的人，一个高尚的人，一个纯粹的人，一个脱离了低级趣味的人，一个有益于社会和人民的人。时代需要这样的人，我们要做这样的人。

（白露）

不抱怨也是人生一大智慧

美国牧师威尔·鲍温曾发起"不抱怨"运动。他说："我们都明白，天下只有三种事：我的事、他的事、老天的事。抱怨自己的人，应该试着学习接纳自己；抱怨他人的人，应该试着把抱怨转成请求；抱怨老天的人，请试着接受现实并存有良好的期望。"

时下，我们走到许多地方，常常会遇到各种抱怨的现象：在上下级之间，当领导的埋怨下属不积极行动，当下属的指责上级犯官僚主义；当教师的总抱怨自己学校怎么怎么不好，而学生又总是抱怨哪个老师怎么怎么差劲。即便在家庭里也少不了抱怨的情景，丈夫埋怨妻子，母亲责怪儿子，婆婆不满意媳妇，女儿对老爸有意见，如此等。

当然，人与人、人与社会，就是这样一个相互联系，相互矛盾的统一体，在其运动的过程中，有些磕磕碰碰、烦闷、不快在所难免。问题是，总是抱怨别人或环境，不说对别人，就是于我们自己、于个人的生活和事业也实在是徒劳无益的。

抱怨有什么用呢？不会因为你的抱怨，一个差单位就会变成一个好单位；不会因为你的抱怨，就可以把讨厌的领导换成你喜欢的领导。客观的总是客观的，不会以你的主观意志为转移。我们为什么老是跟自己过不去呢？我们为什么不想想怎么样在既定条件下发挥我们的主观能动性呢？这种不满情绪犹如通往我们目的地的一大障碍，尽管你一个劲地抱怨："你怎么还不快走？""你怎么还在这？"现实依然不会改变。我们唯一能做的是改变我们的态度。我们为什么不向空气学习——只要有空隙就钻过去呢？

抱怨总是让人觉得失败，想要放弃。而这失败往往不是别人给的，而是我们自找的。我们总是羡慕、嫉妒那些闪闪发光的人，却不曾看到他们的付出。在我们无聊地用肥皂剧打发时间时，慵懒地翻着杂志时，这些闪闪发光的人刚刚熬完一个通宵，刚刚喝掉一杯用来提神的咖啡并开始新的工作。其实，抱怨就是比较之后得出的消极结论——差距让人心焦，努力又是那么难。

事实证明，上天对所有人都一视同仁，只是我们在不停地抱怨中错失了太多。

人生的智慧就是千万莫抱怨。要是你每天抱怨你的薪水微薄的话，你永远没有可能加薪，因为你把精力都集中在薪水上，而没有考虑如何把工作做得更好；如果你每天都抱怨学校太差的话，你永远不可能读好书，因为读书需要全身心投入。我们应当把抱怨收起来，因为我们抱怨不起。前面还有很多更重要的事等着我们去做！

一切抱怨都是无益的，问问自己现在能够做些什么、能够做好什么才是最最重要的。

朋友，对于某些既定的客观事实，接受它吧！对于自身条件的不满，立即努力改进它吧！少些抱怨多些行动，须知，人生就是在特定的客观的游戏规则中积极进取、不断成功的。当我们放下抱怨，尽己所能去努力时，我们才能活得更加快乐、富足！

（章睿齐）

重论"叫鸡不下蛋"

　　"木秀于林，风必摧之；堆高于岸，流必湍之"，这话不像是在为谁鸣不平，更像是一句告诫：不要与众不同，不要太出格，不要弄得太显眼，大家都在水下多好，干吗要浮出水面惹是生非呢？要特别注意——不可自事声张。

　　长期以来我们一直推崇老黄牛，因为它终日头在朝阳尾在夕阳，总是默默无闻地干完一堆又一堆的活儿，我们得出的结论是它有一种任劳任怨的精神；而在这同时，母鸡每产下一枚蛋后都要咯咯嗒咯咯嗒地叫上一阵，满世界地为自己做广告，于是有人相应的评价便是母鸡爱慕虚荣，它干工作是带有功利性的，动机不纯。

　　人不是鸡，并不见得真的知道母鸡叫的是广告词，还是别的什么东西，但是人们对母鸡的坏印象到底是有了。不知是哪位先哲干脆就说了"叫鸡不下蛋"这样一句话，这句"至理"一下子流传开来，到今天已差不多成了合情顺理的用人原则。可是如果我们稍加留心就会发现，有些场合还是需要叫一叫的，并且随着社会的进步这种场合也越来越多。

　　朋友张是位书法家，提起他圈内的人都会不由自主地挑起拇指。张的人品绝没的说，而且年纪轻轻便已是国内最高级别的书协会员，发表过数量颇为可观的作品，获奖证书也摞出了吓人的高度。可就是这样一个可以称得上书坛才子的人，却出乎意料地经历了一次应聘的失败，而且那所高校招聘的恰是书法教师，张可谓再合适不过的了。

　　张是个寡言的人，也少与人应酬，一有余暇就用笔墨来演绎自己的内心世界，他觉得自己的话已在作品的字里行间说得够多的了，所以平素他很少启齿，正应了那句"贵人语迟"的俗语。这次应聘，他依然保持着自己的一贯风格。校方问："你认为自己的字怎么样？"张谦虚地回答说："很一般。"对方又问："你在书法界能否占一席之地？"张回答："书法博大精深，我还只是一个无名小卒。"在作如上回答的时候，张根本没想过要正面陈述自己取得的成绩，他怕给人留下骄傲自满的印象，但也正是这些对自己失于公正的评价让他不可避免地失去了一次很好的机会，也许他还会因此失去更多的机会。

　　高中时有位学兄，人是大家公认的狂妄。就在大家都面对高考惶惶不可终日之时，他却没有一丝一毫不安的表现，每天都是这样一句口头禅："考大学就是个玩儿，不算什么，我注定是要在清华园里散步的。"人们都认为他是忘乎所以，还在心里说蹦得越高摔得越疼，不给自己留后路，看你怎么收场。

　　高考发榜时，这位学兄竟然真的在众人的目瞪口呆中高中清华，让许多人气蓝了眼睛。后来，学兄曾在一封信中解释了自己当年的狂妄。他说当年之所以逢人就讲，与其说是自信，倒不如说是在给自己加油，人有的时候需要公开为自己加油，逼着自己朝着梦想的目标去努力。如此说来，我们竟不能断言母鸡是不是也在为自己加油。

方老师是我的恩师，他的习惯是一有余暇便对人讲他的教学计划如何无懈可击，他的学生如何了不起。同事们都说他自视过高，没有半点谦虚的意思。他的业绩也的确不凡。他的学生不仅遍中国，而且有许多走到了国外，他的学生当中像我这样不争气的极少。他的"狂妄"也绝没妨碍他成为大家公认的良师，如果说他也是一只"叫鸡"，那他下的"蛋"还少吗？他叫一叫也该是无可指责的。

仔细想想，问题并不在于"叫鸡下不下蛋"，而是太多的偏见让那些会下蛋、能下许多蛋的母鸡也只有委委屈屈地噤若寒蝉，在想叫也该叫的时候也绝不敢叫一声，它怕招致舆论的指指画画嘛！到了时下，在张扬个性解放和看重真才实学的新时代里，这句满街都是的俗语也该"窜改"一下了，就叫作做"该出口时就出口"，只要多多下蛋，"叫"就有了最根本的保证和最正当的理由。

（高方）

善待金钱

　　一位军旅作家写道：金钱在我们各自的生活中悄没声地走来走去，那挥之不去的感觉很像我们每个人都拖在身后的一条影子。只是，这条影子有时长些，有时短些，有时惹人喜爱，有时令人愤恨。它们会在缄默无声之中影响我们人类的生存环境。金钱与大自然中的许多东西一样，需要我们人类与之友善相处，不去对它巧取豪夺，不去对它泛滥使用。就像我们应该善待大熊猫，就像我们应该善待东北虎，就像我们应该善待小鸟、草坪、树木和江河湖泊……

　　善待金钱，就是尊重生活；善待金钱，就是敬重事业；善待金钱，就是珍视生命。

　　首先，要重视金钱，但不能崇拜金钱。金钱的学名是货币，是生产力发展和社会进步的一种产物。随着市场经济的迅猛发展，金钱的作用越来越明显。它作为商品交换的媒介和财富的象征，对经济和社会的发展是必不可少的。对每个人来说，没有钱将寸步难行，对一个家庭来说，没有钱想办的事不敢办，要干的事干不成；对国家来说，没有钱就不能发展，没有钱腰杆就不硬。但金钱却又不是万能的。有位哲人说：钱能买来珠宝，却买不到美丽；钱能买到小人的心，却买不到君子之志；钱能使你每天开心，却不能使你得到幸福。金钱具有两重性，它还有腐蚀人、坑害人的一面。金钱不是万恶之源，贪钱却是万恶之源。因此，若要使自己远离罪恶，不是要远离金钱，而是要远离对金钱的贪婪之欲。一个人一旦钻进钱眼里出不来，"一切向钱看"，就会被钱"咬"住，甚至"咬"死。莎士比亚的《雅典的泰门》中，有一段使人警醒的话："金子，黄黄的，发光的，宝贵的金子！只是这一点点儿，就可以使黑的变成白的，丑的变成美的，错的变成对的，卑贱变成尊贵，老人变成少年，懦夫变成勇士。……这黄色的奴才可以使异教联盟、同教分裂；它可以使窃贼得到高爵位，和元老们分庭抗礼；它可以让满身长满白皮癞的人受人喜爱；它可以使鸡皮黄脸的寡妇重做新娘……"莎翁笔下的泰门最终因疯狂而死。

其次，要靠走正道挣钱。通过诚实劳动挣来的钱，是社会给予的报酬，这样的钱不怕多，可以说越多越好。但来路不正的钱就不同了，现实生活中，还有不少人为了金钱，失去了道义，扼杀了亲情，甚至贪赃枉法，巧取豪夺，最终把自己也送上了断头台。所以说"怎么赚钱怎么干"的说法是不对的。获取金钱行为的不当，有时常常会使人沦为可怕的动物或可悲的植物。比如动物般的巧取豪夺，植物般的麻木不仁……那么，怎么才能保证挣钱的来路正呢？基本上要把握住以下三条：一是要不违背政策和法律，否则只能竹篮打水一场空，甚至碰得头破血流；二是要注意社会效益；三是要注意经营道德，不能损害他人的利益，甚至坑蒙拐骗，搞假冒伪劣，赚昧心钱。古人云"君子爱财，取之有道"，说的就是这个道理。

最后，有了钱要用得其所。俗话说："花钱容易挣钱难。"无论是你继承来的钱，还是自己挣的钱，都是辛勤劳动的成果，是来之不易的，严格地说，你只有将其用好的义务，没有挥霍浪费的权力。因此，我们不仅要注意挣钱的方向，还要注意花钱的方向。有了钱，不能乱花，一定要用到最需要的地方，不能盲目地搞攀比，一味地"超前"，要量力而行。入不敷出，吃亏的是自己。不少人犯错误，甚至犯罪，都是起始于花钱大手大脚，没有钱就到处乱借，借了又还不起，债台高筑，最后为债所逼，为生活所迫，而走上贪、偷、盗甚至抢的道路，沦落为囚犯。即使你是"大款"，也没有必要用大把大把的钱来炫耀自己的"春风得意"，甚至用花钱来"斗富"比阔，"发泄"寻乐。请不要忘记：你曾经失意！事实上，差不多每一个"大款"的"发家史"都是一部写满坎坷经历的奋斗史。有这样一个意味深长的故事；一次巨额贸易成交仪式之前，几个拥有千万资产的"大款"在饭店里大吃大喝，并对着邻桌的一个老头儿不时投去鄙夷的目光，因为老头儿衣着过时且吃的是便宜的菜肴。待到成交仪式举行时，他们却发现：老头儿竟是一位拥有亿万元资产的"巨富"。也许我们不能像这老头儿那样拥有亿万巨资，但是我们可以像这老头儿那样以平和之心去花钱，让自己心境安宁地去对待钱。

（程伯福）

聪明人容易犯的错误

　　年轻的华裔斯蒂芬·赵可谓功成名就，他从哈佛毕业后就在好莱坞施展宏图，不久便显露峥嵘，飞黄腾达，到36岁时已成为福克斯电视台的总经理。

　　然而，去年夏天，赵的顺风之船触礁了。在一次由总裁鲁伯特·迈都克主持的公司高层人士的会议上，当赵就新闻检查发表演说时，他别出心裁地安排一位演员在一旁脱衣以表现新闻检查之后果。可没想到这一弄巧成拙的噱头使董事们怒不可遏，迈都克只好解聘了赵。

　　为什么精明如斯蒂芬·赵的人也会做出如此蠢事？作为一名管理顾问，我曾研究了大量愚蠢的决策和出自那些高智商人士之手的傻事。在我们的生活中难免会有这些不明智的时刻，因此，了解精明的头脑何以会乌云障目自毁前程，就会使我们避免重蹈覆辙。根据我的分析，聪明人做蠢事的原因有以下几种：

1.自负傲人

"聪明人总以为自己比别人知道得多,"洛克菲勒集团的副总裁布雷特恩·塞克顿说道,"这离无所不知也就只一步之遥了。"

约翰·桑诺智商颇高并常以此炫人。这位好战的新罕布什尔前州长和白宫办公室主任在国会里频频树敌,却又不愿斡旋化积。桑诺曾轻慢过密西西比的参议员洛特,揶揄他"不足挂齿",可洛特后来成为共和党参议员主席,桑诺不免大为尴尬。

高智商的桑诺甚至做出一些无异于政治自杀的蠢事,他使用军用飞机以个人名义到处视察,结果触犯众怒,可当他正需要人出面为之辩说时却后院起火,以往受够了桑诺呵斥的手下人纷纷倒戈,落井下石,桑诺的政治生命毁于一旦。

如同华盛顿官场那个特立独行的世界一样,大学的象牙之塔也是一块培育聪明人的自负的沃土。1990年,人们发现斯坦福大学使用纳税人的钱做一些与研究无关的事,诸如购买快艇和为校长唐拉德·肯尼迪的新偶举行招待会。事情败露后,肯尼迪并不愿为此道歉,相反却偏执自傲地声称政府的基金可用来支付与研究有关的"间接开支",诸如餐巾、桌布和在他家里举行的晚会。他傲气十足地说:"哪怕是我家里的一朵鲜花,也是与研究活动有关联的。"

肯尼迪自鸣得意的辩解,引起哗声一片,一位斯坦福大学的职员说:"他似乎是认为无论他做什么都是正当的——只要是他做的。"

几个月后，肯尼迪就被迫辞职。

2.孤立偏狭

自孩提时起，智力超群便是一种可导致孤立的因素。那些聪颖过人者往往自成一体，抱成一团，与常人隔绝。

"聪明人总爱与聪明人在一起，"咨询专家詹姆斯·威斯利说，"这也没什么不好，但如果他们画地为牢，自命不凡，排除异见，坏事就要发生了。"

这其中的一个危险是不愿承认随机应变。"当一个小圈子里的聪明人都同意某个计划时，"威斯利说，"他们就会固执地坚持己见，即使在其他人有足够的证据显示其错误时也是如此。"

最近的一个例子是"IBM"。几十年来，该公司几乎垄断了整个电脑业。然而，当商用电脑市场衰退，顾客兴趣转向更轻便廉价的机型时，"IBM"的高层决策者们却对这一变化视若不见，对下层的建议也置之不理，结果呢？个人电脑异军突起，"IBM"在过去几年中为此损失了70多亿美元。

倾听建议对于成功来说至关重要，但是，一些聪明人却没有耐心听取比他智力低的人的意见。一名为一家饮料巨头工作的市场经理才智出众，可不久为公司推出的一种新的饮料却未能打响，后来人们发现，下层各部门送来的大量警告建议都被他置于一旁。他的解释是："那些建议不过是些牢骚而已。"

3.无所不能

许多高智商者往往无视一个极简单的道理：在某一领域显露出的才华并不能确保你在其他方面也成功。

维克多·加姆是哈佛商学院毕业生，靠推销小电器挣了百万之巨。1988年，加姆买下了"新英格兰爱国者球队"，可要经营一个人事纷纭的足球队与推销电动剃须刀完全是两码事。果然，加姆接手后球队就频频失利，随后又因球员对一名女记者的性骚扰而闹得沸沸扬扬，球队因此声名大跌。等到加姆从中脱身时，他已经赔进了几百万。

那些卓有成就的人士和真正聪明的成功者都能明了在这些失误中所蕴含的教训。他们乐于倾听他人，决不自以为是；他们能与各种各样的人打交道，决不画地为牢；他们遇事深思熟虑，也深知自己才智的限度。

山姆·沃尔特就是这样一位真正的商业才子，这位以5美元起家而到如今拥有550亿美元的沃尔特王国的商界大亨，从不满足于待在他的公司总部里，而是坐着他的飞机到各地去考查他的那些为数众多的连锁店，他能耐心倾听各种各样的"同事"（他称雇员为"同事"）们的意见，甚至常常亲自站柜台将商品装在购物袋里递给顾客。

沃尔特的谦卑即是他成功的秘诀之一，那些竞争者往往因此而低估了他，而他自己的雇员对他则无比信任，能与之畅所欲言。"我们并不精明，我们只是能根据意见善于变化而已"。这是老沃尔特留下的一句箴言。

哈罗特·丁克尔在他长达39年的教学生涯中发现一个引人深思的现象：最有成就者几乎都不是那些智力顶尖的学生。这部分是因为智力超绝者的自我失败，更主要的原因则是：那些成功者往往明白这样一条道理："当你位居第二时，你会更加努力。"

（杨继宏）

小心"激将法"

读过《水浒》的人都知道，李逵在陆上狠揍了张顺，本来想"得胜还朝"的，可是张顺却不肯服软认输，又跑到水上开辟"第二战场"。李逵虽然鲁莽，似乎也觉得自己这个"黑旋风"到了水里，未必敌得过人家"浪里白条"，因此没敢立即应战，但是，张顺站在船上骂了几句"走的不是好男子"，又用竹篙撩拨了几下，咱们的铁牛兄就牛性大发，按捺不住，"托地跳到船上"去厮打。结果呢，理所当然地被拖下水去，"浸得白眼"。李逵所以吃了大亏，出了大丑，就因为中了张顺的"激将法"。

在所有的计策之中，大概没有比"激将法"更简便经济，也更易达到目的的了。它不像"空城计"要冒大危险，不像"苦肉计"要做大牺牲，也不像"连坏计"要费大心机，只需用简单的一两句话（必要时加点动作），故意去歪曲对方的本意，刺痛对方的自尊或侮辱对方的人格。善者言其凶，勇者言其怯，智者言其愚，巧者言其笨，就极有可能使对方改变初衷，入吾彀中。

"激将法"之所以厉害，就在于它根本不怕被人识破，而是公然挑动人的感情向理智进攻，并促其战而胜之。使人只见小害，不见大害，为雪眼前耻，宁遗万古恨，干出明知虎吃人，偏向虎口钻的糊涂事来。

当然，"激将法"虽然厉害，也不是"攻无不克"的，对那些目标远大，头脑冷静，有自知之明又有自制力者，它就无能为力了；而且，"激将法"往往又是使用者的"杀手锏"，最后一着，如果不奏效，就再也无计可施了。《三国演义》中就有一个极好的例子：司马懿在上方谷受挫后，制定了坚守不战的方针。急于求战的诸葛亮为激怒他，派人送来了女人服装和辱骂信；但是，司马懿不为所动，照样紧闭寨门，硬是把诸葛亮"拖"死在五丈原，取得了巨大的胜利。

（梁善林）

平等——人际交往的基础

　　现实生活中有些人对人际交往的内涵总是搞不清楚，比如，他们从人在社会上的地位、能力、作为等诸多方面的差别，推导出人际交往中也有主次、轻重甚至尊卑的不同。这些人一般都很是自以为是，自我感觉极好，在与人接触时有意识无意识地总压人一头，处处搞自我中心论，让人家围着自己转。更有甚者"唯我独尊"，大行"顺我者昌、逆我者亡"之道。这种交际心理和行为与人们所面临的人际交往的时代特征大相径庭，是非常有害的。

　　当今人际交往带有鲜明的时代特征，平等就是其一。每个交往主体在交往中的地位、权利以及责任都是平等的，各自都有高度的独立性、自主性，谁也没有超越对方的特权。人们建立、维持和发展某种或中止某种人际关系，完全是自己的事，用不着看谁的脸色行事，更无须请示谁由他决定。

　　平时人们对社会名人表现出很大的兴趣。名人确实不同于普通人，其"名"或来自对社会的贡献，或来自不同凡响的技能，众人对其"名"一般都没有异议，但往往对一些名人同人交往很有议论，微词颇多。其中主要原因就是这些名人认识上的错位，误把自己在某一领域的"名"搬放到交际领域之中，以为自己当然就是交往中的"名人"，自己哪一种交际行为都好。不是有个大有名气的女电影演员为自己大声斥逐要采访她的记者作心安理得的辩解吗！更重要的是，这些名人太看重自己了，不愿把自己放在与人平等的位置上，不肯保持平常心。其实；在生活中并不是任何人都愿意买名人的账。前面刚提到的那个女演员一次同人握手时，很不礼貌地"捏"了对方一下，让人大为扫兴，被"捏"者随后就跟外人讲，认定这个写过自传的女演员并没有脱开俗气。

比如，与人相处所形成的天地共属于每个交往者，各自应拥有大致相当的"份额"，而有的人却偏偏要"一统天下"，强占应属他人的"半壁江山"，他自然让人无法接受。有位同事跟我讲，在他的交际群中有一个无论医术、医德都很不错的医生，且多次尽心尽力地为他看过病，他出于感谢和尊重曾几次登门拜访。但那个医生表现欲过于旺盛，喜欢独占说坛，滔滔不绝，容不得外人插嘴。同事讲，每次两人在一起都是他在讲，我在听，他讲的工作中的事也没有粉饰夸张，都是事实，我也由衷地对他产生敬意，但又切切实实地感受到我的失落和倦怠。认为我被冷落为一个单纯的听众，只有收听和应声的份儿。由于这种悬差，两人虽然也有来往，但两颗心终究未能贴近，未能成为交心的朋友。还比如，相互交往所获得的利益或所面临的利益，本是交往各方共有的财富，各方都有所有权，可有的人总是从自己角度出发，斤斤计较，不肯吃一点亏，好处便宜统统是自己的。这种失衡的"利益分配"本质上是对交往对象利益的侵害，必会引起他人的反感和厌恶。一次上级工会组织各基层工会干部外出旅游，一个女士就事事只想着自己的好恶，全不顾及他人的感受，坐汽车她一溜小跑抢占一个前面临窗的座位；就餐时她抢着扒最好的菜；到了一个景点，先占最佳拍摄位置，照个没完。其结果没等到旅游结束，她已成为人人不愿理睬、厌而远之的人了。

上司与下属虽然首先是有明确意义的上下级的工作关系，但其中仍然渗透着与人交往的属性，存在着处理人际关系的问题。上司同下属只是职位上的区别，这并不意味着在人际交往中有什么高人一等的地位，握有什么随心所欲的特权，也就是说上司和下属在人际关系上是完全平等的。大连某工厂的厂长刚刚承包时，比较注意上下级关系的处理，比较尊重职工的意见，因而取得职工的信任和支持，承包第一年就超额完成承包指标，他也被评为省、市劳动模范。但从此他开始忘乎所以，自以为是，认为工厂全靠他一人，别人都无所谓，大搞个人绝对权威，使得上下级对立情绪严重，人际关系十分紧张。一个500人的工厂竟有800多人次上访，50多名科室干部、工段长联名上书，最后上级主管部门不得不免去他的厂长职务。

平等待人不仅是不同交往群体面临的共同问题，同时又存在于交往活动的各个层面上或环节中。人们时常看到有的交往行为就因缺少平等这一环节而前功尽弃。例如，热心帮助、无偿援救，却没有好的结果，被帮助者、被援助者并不"领情"。难道是他们无情无义吗？事情常常不是那样，究其原因是他们感受到不平等，认为自己付出了超值的代价。一位中国留美学生，利用课余时间，在华盛顿一家餐厅打工。厨房监督是个美国人，他也很大方，经常把厨房里的一些剩余食物给那位留学生吃。不过，他爱在留学生工作时用居高临下的口气唠叨：你太幸运了，我们的政府批准你来这里读书，现在我又给了你一份工作和许多食物，使你连饭钱都省下了……有一次厨房监督又这样唠叨开了，正在洗碗的留学生突然直起身，手指监督说：再说下去，我就要一拳打破你的鼻子！那个美国人一愣，说：你敢打我们美国人？他听到的回答是：凡是有自尊心的人，都有胆量打你！心理学指出：自尊心理是一种由自我所引起的自爱、自我尊重，并期望得到他人或社会尊重的情感。人一旦投入交往，无不关心外界对自己的评价。故而有人讲，自尊比生命更重要。上述例子中的美国人自以为他是拯救别人的施主，漠视了对方的自尊心，人家忍无可忍地要打他就是很自然的事了。

幼儿园老师和儿童说话时，都会蹲下来使双方的眼睛处于相同的高度，以求得孩子在心理上形成平等的感觉，缓冲孩子的紧张感，便于双方沟通情感，增进了解，结成友谊。成功的交际者都是像幼儿园老师一样平等地待人处事，给人以轻松和温馨。与前面提到的那位女演员同样大有名气的电影演员潘虹就有良好的人缘，广大影迷对她很信任，很有好感，影视圈的人对她口碑也是极佳。为啥？用潘虹自己的话说：人与人之间，人格是平等的，尊重是互相的。

一位人际关系心理学家指出：人际关系的大多数情况都符合"对自己怀有好感，自己也对其怀有好感；而对自己不怀好感，自己也难表示好意"这一规律。人们只有在平等的基础上才可能形成你支持我、我支持你，你为我服务、我为你服务的友爱互助的人际关系。

（钱森华）

悔中求"悟"

　　7年前，23岁的小雪面临着选择：她家里给她物色了一个条件好的男孩子，她自己却爱上了一个来自农村、家庭经济条件不太好的大学生。在富与穷、钱与情的斟酌中，她选择了后者。婚后，丈夫确实既爱她又宠她，但在经济拮据的现实中，她丈夫的宠爱并没使她感到满足和幸福，尤其在那些披金戴银、一身珠光宝气的同学面前，她觉得寒酸和失落，暗暗羡慕别人，自然对丈夫就越看越不顺眼，越看越不满意，由怨到争，终以分手告终。离婚后，她吸取了上次的教训，嫁了个有钱的老板。然而几个月新鲜后，大夫却又盯上了别的女人，独守空房的寂寞和气恼，使她更加苦恼，不觉又怀念以前的日子，后悔不该与前夫离婚。

　　林君在学生时代就以爱标新立异出名，参加工作后更是见异思迁，8年换7个工作：本来在机关里当秘书干得好好的，但看到同学在公司当经理好潇洒，亦下海当了经理；经理位置没坐热，又收起摊子关起门来写书；书不知写得如何，又忙着为自己的小发明跑专利……到头来一事无成，他就像迷了路的羊，不知该往哪里走。

　　以上两例困惑、苦恼、忧愁的原因虽然各异，但归结到一起，却有一个共同点：后悔心理。

　　小雪是对自己当初的选择不满意而后悔，并改弦易辙。人生路上，无论是婚恋、学业或是职业，常面临着五花八门的选择，而且，无论你是做出哪一种选择，都不会绝对顺利的，每条道路都会有困难和失败，因而每次的"满意"选择，都可能包含着表面的虚假。但是，人们往往对这种表面的虚假及隐藏着的困难缺乏足够的认识和心理准备，一旦在选中的路上走得不顺时，便会产生后悔心理，容易对困难畏惧，对前途动摇，失去拼搏的信心，产生改途重试心理。可是，谁又知道后悔后的重新选择就没有困难？又不会产生新的后悔？倘若一个人总是在后悔中徘徊，精神总是被新的可能所捉弄，就会变得紧张脆弱，不堪一击，结果只会是一事无成。如小雪姑娘，如果当初她对自己的选择不盲目后悔，而是与丈夫"同舟共济，共渡难关"，通过夫妻双方的努力，完全可以改变现状，获得情感和财富上的双重富有，建设幸福的家庭、幸福的人生。可见，后悔是意志的腐蚀剂，是走向成功之大敌。

　　选择不可避免，后悔可以摒弃。首先是要慎重选择。当你面临选择时，要善于从自己的内心去寻找出路，因为只有从自己内心愿望出发，选择符合自己真正的兴趣和愿望的出路，你才不会后悔。所以，做出选择之前，重要的是自己要了解自己，而不是了解前面的路，以免为出路表面的光彩所打动，做出有违自己内心的选择。

如果你不能肯定自己的真正兴趣，你应该去学习相关方面的知识，当你在学习许多有兴趣的知识中发现某个领域特别能令你振奋，那么这就表明，你的内在气质与这门知识和领域的需要相吻合，你就能从这种吻合中做出符合自己本质心愿的选择。其次是对出路上的困难要有充分的估计和心理准备，如果今后生活中遭遇的困难不超出自己的预料，便不会因困难而畏惧、失望、动摇，以致萌发后悔心理。

林君的后悔源自盲目地羡慕他人。羡慕是对自己的人生不满或对他人生活的无知的表现，越是羡慕他人，就越会对自己的选择不满和对自己的前途失望，所以，羡慕心理既不能给人提供生活的动力，也不会给你指引人生的出路，只会引导人产生后悔心理，腐蚀你的信念和意志。但人是思想者，有时难免不羡慕别人，如果你羡慕某个天地时，首先应当去学习这个天地的知识，任何一门知识，只要你深入下去，都会遇到困难，而任何困难对一个不能胜任的人，都会令其自行打消羡慕之心，从而坚定信心，专心于自己的选择。居里夫人有一句格言：我已经做了我能做的事。看起来这是句不起眼的话语，却含有很深的哲理，她告诉我们，只有做自己能胜任的事，你才会成功。

总之，后悔是生活中常见的心理现象，关键是面对后悔时，要想想该不该后悔？后悔什么？做到悔中求"悟"、悔中有"悟"。

（杨司佼）

人生拾贝

积　累

生命是一个过程。

但过程与过程并不一样。

有人一生都处在恍恍惚惚之中，从未认真体验过生活，从未认真比较一下今日之我与昨日之我的区别。日子一天一天如水一般流走了，他的人生经验却没有一点一点积累起来。

因此，这一类人的生命只是一个苍白的流程，即使活上一百年，也只是徒有生命的躯壳而并无丰富的内涵。

有人一生总以灰暗或忧郁的眼光看待生活，他总有生不完的闷气，发不完的牢骚，说不尽的怨恨；总以为生活亏待了他，世界亏待了他，他是社会的弃儿。

因此，这一类人的生命如一条被泥沙、枯枝败叶或其他垃圾阻塞的河流，没有光泽，没有歌声，一路带给人们的都是厌倦与烦躁。

真正的生命是一个积累的过程——积累成功，也积累失败；积累快乐，也积累痛苦；积累顺利，也积累挫折……

积累其实也就是感悟，一边生活一边感悟，在生活中感悟，在感悟中生活。唯有感悟才能促使生命过程丰满与充实。

因此，一个真正懂得生命内涵的人，就定会珍惜自己的生命，钟爱自己的生命，并以豁达宽广的胸怀接纳生活中的一切，把甜酸苦辣都融入生命的过程之中，从而使生命坚实而有光泽，如一棵生机勃发的树。

成　见

一位女青年两次恋爱均告失败，由此，她形成一个固定的看法：男人不可靠。

由这个成见出发，她决定今生今世远离男人，宁愿独身一人走完人生的旅程。

人们在生活中常会由过去的经验或教训而形成一定的观念，并以这种观念指导自己今后的行动。

其实这种观念有时只是来自偶尔一两次的成败得失，并不符合客观实际，并不能取代所有的经验，如果以此为成见，就封杀了成功的可能性。

主观成见愈多的人，在生活中所受的限制也就愈大；反之，成见愈少，生命的空间也就愈广阔，生命的状态也就愈活跃。

其实，一个人的许多成见，并不是来自生活的经验或教训，而是自己在形成成见过程中外界一点一滴的灌输。因而，成见有时也就是外界（他人）对自己的束缚与限制。

（丁凯隆）

人生的三个阶段

　　人生是指我们人的生命。我们每一个人的生命的发展过程应该有三个层次，或者说三个阶段。

一

　　第一阶段为生活。衣食住行的意义与价值是维持生命的存在。

　　先讲讲食和衣。所谓食前方丈，一丈见方的很多食品同颜渊的一箪食、一瓢饮，实质上没有什么区别。大布之衣，大帛之袍，同锦衣狐裘的作用也差不多。饮食为御饥渴，衣着为御寒冷。同样，颜渊居陋巷，在贫民窟里；诸葛亮卧草庐，在一个茅草房里。从表面上看双方好像不一样，其实在生命的意义与价值上还是差不多的。

　　再讲到行。孔子出游一车两马，老子出函谷关只骑一头驴，普通人就徒步跋涉了。

　　今天科学发达，物质文明日新月异，我们的衣食住行同古代的人绝不相同，但从生命的意义与价值的角度看，衣还是衣，食还是食，住还是住，行还是行，生活还只处于第一阶段。

动植物亦有它们的生活，有它们维持生命的手段，所以生命的第一层次即生活方面比较接近自然。可以说人同其他动植物的生活相差得不太远。孟子的"人之异于禽兽者几希"，即是此意。进一步说，我们是为了维持我们的生命才有生活，并不是我们的生命就是为了生活。生活应该在外层，生命则在内部。生命是主，生活是从。生命是主人，生活是跟班，来帮主人的忙。

生命不是表现在生活上，应该另有作用。这就是我们要讲的生命发展过程中的第二个层次，即人的行为。换句话讲，人的生命价值应该体现在事业上。

二

我们来到这个世界，不是只为吃饭、穿衣、住房子、行路。

除了衣食住行以外，我们应该还有人生的行为和事业，这才是人生的主体。

今天不少人工作都是为了谋生。为了解决衣食住行问题才谋一个职业，拿工作来满足自我生活需要。工作当然也可以说是一种行为，实际上应该有另一种更高尚的行为，按照古人所讲，就是修身齐家治国平天下。

一个人只要肯有所不为——不讲我不想讲的话、不做我不想做的事，不论他是大总统、大统帅、大企业家，还是农民、工人，从行为上讲都是平等的。他们的区别只是生活质量，但做人的精神是平等的。讲平等要从这种地方讲。如只从生活质量上看，人与人怎能平等呢？整个世界的人都不平等！

有的事富贵的人可以做，贫贱的人却不能做；有的事贫贱的人能做，富贵的人却不能做。只有我们讲的修身，这种精神行为，才是平等的、自由的。可见古人所谓的修身，到今天仍旧有意义有价值。再过上300年、3000年，这种意义与价值还会继续存在。

每个人都有一个家。父慈子孝，兄友弟恭，夫妇好合，这样的生活才有意义。天下哪有完全大公无私的事呢？吃饭，一口一口吃，这是私的。穿衣，穿在我身上，也是私的。房子自己住，还是私的。哪有不私的事呢？

修身齐家不是个人主义，不能只讲自己。没有父母，你又是从哪里来的呢？修身齐家亦不是社会主义，身与家都有私。修身齐家是一种行为道德，是公私兼顾的。尽自己的能力来修身齐家，这是你应该做的。我应该修身齐家，你也应该修身齐家，大家是平等的。

三

我们为什么要修身？为什么要齐家？为什么要杀身成仁舍生取义？现在讲到人生的第三个阶段了，这就是人生的归宿。

每个生物都有自己的天性。老鼠有老鼠的天性，小白兔有小白兔的天性，那么我们人呢？人和动物不同的地方就在于人的天性高过其他动物，不容易发现。不仅别人不知道，自己或许也不知道。

人的一切行为都应合乎自己的天性。正所谓各有所好。

如果摆两个菜：一个鸡，一个鱼。你喜欢吃鸡还是吃鱼？一下就可以知道，这很简单。若你是学文学的，究竟喜欢诗歌还是散文，就不是一下就可以知道了。散文中，你喜欢韩文还是柳文，更不易知道。这些都该用些力气才知晓。人的其他行为也是如此。总之，人的行为要合乎自己的天性。

如能令自我天性得到满足，自会将安乐二字放在人生的最后归宿上。我天性就是这样，只有这样做，我才心安，才会感到快乐。

那么我请问诸位，我们的人生除了安与乐之外还有第三个要求吗？吃要吃得安，穿要穿得安，安是人生中第一个重要的字。安了才会乐。看看社会上大富大贵的人，或许他不安不乐，而极其贫贱的，或许反而安乐。

诸位应该争取富贵还是安于贫贱呢？富贵贫贱只是人生的一种境遇，而我们要的是安与乐。只要我们的行为合乎我们的天性，完全可以不问境遇自得其乐。

我们中国人常言德性。什么叫德？韩愈说："足于己，无待于外，之谓德。"可见德就是性。自己的内部本来就充足，不必讲外部条件。譬如说喜欢，喜欢是人的天性，不需要外部条件。快乐亦是天性，不需要外部条件。哀伤也是。人遇到哀伤的事若不哀伤，便无法安乐。如父母死了，不哭你的心便不安，那还怎么安乐！怒也是人的天性。发怒得当，也会感觉内心安乐。

　　我不识一个字，但我也有喜怒哀乐。诸位看街上不识字的人多得很，或许他们的喜怒哀乐比我们更天真、更自然，发泄得更恰当更圆满。人生的最后归宿就要归在德性上。性就是德，德就是性，古人亦谓之性命，我们要圆满地发展它。

　　表现出恰当而圆满的喜怒哀乐，可做别人的榜样与标准的，我们称其为圣人或天人。与天，与上帝，与大自然合一。人生若能达到这个阶段，就可以死而无憾了。

　　做人第一要讲生活，这是物质文明。第二要讲行为与事业，修身齐家治国平天下，这是人文精神。最高的人生哲学讲的则是德性。德性是个人的，同时也是古今人类共同的。人生的归宿也应在此。

（钱穆）

跌跤的青春站立的心

常在河边走，哪有不湿鞋？

这还是轻的，更有跌跤的、伤筋折骨的。我想，凡是向前走路、朝目标奔跑的人，都应该做好跌跤的准备。我们不可能完全了解还没有到达的远方，一切都是道听途说，哪里有坎坷、泥沼、陷阱、潜藏的危险，我们无法做到先知先觉，前方的考验往往挥之不去；我们自身也具有跌跤的可能，比如视线的模糊、体力的不支、意志的薄弱、精神的不振，等等，这些都有可能导致我们戒备不足、步伐紊乱、重心失衡。

小孩子在学会走路之前必然要经历跌跤，长大后的少年在追梦时难道就不需要经历跌跤吗？人生没有一帆风顺的按钮，青春没有平步青云的魔毯。我们可以尽力减少跌跤的次数，但永远无法彻底避免跌跤。只要我们选择自己走好自己的道路，相信自己的眼睛、手脚、头脑和一颗永远选择站立的心，就会比神仙还要走得稳当，走得长远，从而步入美好之境。

在生活如此复杂、参考如此繁多的当下，我们要坚持走好自己的道路，兢兢业业少跌跤，即使跌跤了，那颗青春的心首先也要站立起来，然后让身体换个地方爬起来，放下偶然遇到的斑斓风光，找准方位风雨兼程，不在跌跤的地方虚伪地敷衍、自私地推卸，不在跌跤的地方贪恋过去的所谓成就感和致命快感，更不能忙着修补错误的损失，却不修缮错误的理由。让自己更加真诚、实在、波澜不惊，学会听从内心的声音，放稳了心便放稳了脚，放远了心便放远了目光，放正了心便放正了青春。

所有的跌跤都有原因，所有的错误都有成本。跌跤犯错后，要真诚对待自己和他人，欺人也是自欺。青春常常在欺骗中辜负，少年常常在虚荣中衰败。跌跤的伤痛、犯错的后果很实在，站立的心也要实在，纠错的行动更要实在。真诚和实在不是刹那间的事情，不是立竿见影的事情，更不是一劳永逸的事情，要给自己时间，更要给他人时间，以一颗耐心学会宠辱不惊，以坚韧打磨追求闪光青春。在风华正茂时拥有一颗站立不倒之心，即便走到耄耋之年，也不会步态踉跄，更不会轻易跌跤。

（孙君飞）

打破情感封冻的五种方法

　　尤杉和佳静已整整两个星期没有讲话了。她们本来是一对无话不说的好朋友，就因为一场误会，两个人一时闹得面红耳赤，关系一直僵着。现在误会虽已消除了，但她们的情感依然封冻着，像冬天的冰。她们的内心都想和好如初，但谁也没有勇气，谁也不肯主动伸出温暖的手，因此，只好让友情继续默默地封冻着。应该说，这种处境是非常尴尬甚至非常痛苦的，犹如在大冷天穿着一件湿棉袄。打破这种情感封冻的关键是主动。那么，如何主动呢？不妨采用以下方法。

　　通过他人传达善意。两人闹僵后，碍于自己的面子和尊严，往往不愿主动向对方表达自己的善意，这是可以理解的。但既然本来就没有什么大的矛盾，既然内心有和好的意愿，那不妨通过第三者来表达自己的善意。你可以选择一个与你和对方关系都比较好的第三者，你可以在第三者面前说对方的善良的动机，也可以说对方其他一些优点，或者承认自己在这个问题上的过错，让第三者把你的这个善意悄悄地转达给对方。这样，对方一旦接收到你的心声电波，往往也会很快和你沟通。

通过书信表明心迹。当你觉得面对面沟通没有勇气，而又没有恰当的第三者时，你可以考虑通过书信或字条的形式向对方表明心迹。书信或字条沟通有这样几个好处：一是不用担心遭冷遇的尴尬，有些人最怕自己的一片热心却遭到对方的冷漠；二是可以避免意思表达不清、表达不顺的尴尬，由于存在情感疙瘩，当面说往往说不好，书信或字条，可以仔细想好了再写，写好了再改；三是书信或字条往往给人认真和庄重的感觉，能表明自己的真诚，其效果也更理想。

寻找契机有意接近。同在一个集体里，接近的机会应该是很多的，只要留心，只要有意。有些情感疙瘩，不去化解，大家都不好受，然而故意去化解求和，又好像太难了些。那就不妨寻找契机，顺便化解。比如对方的钢笔掉在地上了，你不妨主动帮他捡起，擦拭干净后还给他；又比如对方的衣服后背沾上了粉笔灰，你不妨轻轻地把它掸掉。这种举动，虽无声，但传达了一种要求和好的信号，而且一般都能被人领悟。我们不要心里想和好，但又不敢接近，不要担心对方不买你善意举动的账。你主动为他捡钢笔、掸灰尘，只要对方心态正常，肯定会报以友好的微笑，肯定会理解你的善意并积极迎合。

利用活动公开搭话。参加集体活动，这是打破情感封冻的最好时机。因为集体活动一般参与度都很高，而且往往大家劲头大、心情好、接触密度大。在这种场合，你如果公开和你情感封冻着的对方搭话，或邀请对方一道唱、一道玩，或主动挑一样对方喜欢的糖果送去，或主动参与对方与他人的谈话，等等，那么，对方一定会坦然地接受你的真诚。即使对方内心并没有马上与你和好的意思，但在大庭广众之下，他也不可能赤裸裸地表示拒绝。否则，就是他理亏了。

鼓足勇气主动和解。当采用上述方法都不合适或都不奏效的时候，而你又确实不想失去你们之间的友谊，也不想再这样继续僵下去，你就应鼓足勇气，主动找上门去，直接面对他，真诚求得和解。你可以主动"认错"，你也可以开诚布公地指出对方的"不足之处"。如果你们之间确有很深的友情，相信他也希望早把这层"窗户纸"捅破。这样批评和自我批评相结合，也许还会使你们的友情上升到一个新的更高的层次。这时你千万不要考虑什么"面子"，一定要大度一些、勇敢一些。要知道，在别人看来，你们原来关系不错，后来有了误会而又很长时间没有和解，才真正是"没面子"。

打破同事间、同学间、朋友间的情感封冻，就等于脱掉了一件穿了多年的湿棉袄，其心情是非常愉悦的。但要脱掉它，离不了主动，少不了热情。我们每个人都应主动一些，不要老想等别人先主动。

（朱华贤）

失意者如何甩掉烦恼

在近日某电台的"情感热线"中，一名中年男子讲述了他屡遭失意的"不幸"：18年前，大学毕业后分配到某政府机关工作，6年时间，他卖力地搞调研、写报告，虽然成绩卓著，但比他年纪小、能力差的都得到了提升，而他却"原地踏步"。某领导对他说："你弄刀笔还行，但不是当官的料。"他感到不平和愤怒，于是跳槽到了某独资企业调研部工作，并很得一位韩国主管的欣赏。这位主管回国之前答应他，将力荐他接任主管职位。但万万没料到，那位韩国主管转天在一次车祸中丧生，公司换了一位美籍华人当主管。而他在新主管眼中再也找不到对他的赏识，得到的只是"发号施令和吹毛求疵的训斥"。他又一次带着不平离开了公司，来到了一家出版社当编辑。一年年过去，尽管他埋头工作，但一个个离他很近的升迁机会最终都没能光顾于他。他说：如今自己混到这步田地，再也不愿意见人，每每想到这些，就"痛心疾首，肝肠欲碎"，并问："我是不是一个很失败的人？"

《今晚报》据此发表了《失意的中年男人》后，在社会上引起了很大反响，几天之内就收到百余个电话和几十封来信，一些"同病"者纷纷倾诉自己事业上"不得志"的烦恼。

据有关专家分析，随着经济的迅速发展和竞争的日益激烈，像这位中年人一样由于事业无成而引发来自社会、家庭和自身的种种压力造成心理失衡的人日渐增多（尤其是在中年男人）。这些"失意者"如果不及时地进行心理调整，将对个人身心健康及其家庭生活造成极大影响。那么，失意者如何走出心理误区、甩掉烦恼呢？笔者认为，应从以下几方面调整自己的心态。

一、换把尺子量"成功"

失意者之所以觉得自己是个"失败"的人，往往是因为自己拿错了"尺子"。不少人往往把升官发财当作成功的标志，一旦没得到理想的升迁或挣的钱比自己的"平辈"少，就认为自己是个失败的人。其实这是一种心理误区。事业的成功与否并不是用金钱和官位可以衡量的。如果把高官厚禄当作人生的目标和事业发达的标尺，那么终生都会伴随着烦恼。因为科员想升科长，当了科长又想当处长；而处长还想当局长，当了局长还想继续提升。挣钱也是如此。而每每不能如愿时就会心理失衡，或怨天尤人，或悲观失望。反之，如果跳出世俗的标准，而用人生的价值来量自己，就会发现自己也是一个成功者，从而获得一份付出之后的坦然与快乐。

周涛大学毕业后，一直在戈壁滩上的一个治沙所工作，由于他未能调回到大城市，大学时的恋人和他断绝了关系。他的同学有的当了"官"，有的赚了钱，有的出了国，而他拥有的却是一望无际的大沙漠和两间简陋的小屋。但他一心扑在治沙上，并在当地找了对象，在治沙所安了家。20年来，他带领所里的人员和自己的家人种了一片片的固沙树，现已让沙漠倒退了几十公里。当记者问他有没有失意的苦恼时，他乐呵呵地说："虽然这里工作艰苦，待遇也不高，可我生活得挺充实、挺带劲儿，因为在这里我发挥了特长，实现了自己的价值。看着自己用汗水浇灌出来的这片片绿洲，我每天感受到的都是成功的喜悦。"

二、立足平凡少攀比

人们普遍存在着一种攀比心理，任何阶层的人都希望得到别人的认同和称赞。但失意者要甩掉烦恼，就应立足现实，少一些攀比。因为越是攀比，就越觉得自己不如人，就会陷入苦恼的深渊不能自拔。有句俗话说得好：人比人得死，货比货得扔。社会资源有限，只能让少部分人得到地位和利益；高官厚禄令人向往，但也是少数人才拥有，而多数人还是工作在平凡的岗位上，但伟大往往寓于平凡之中。想开了这个理儿，就不会再埋怨上天对自己不公平，有时还能从失意中生出几分"得意"。

年过四十的田老师当了近二十年的小学老师，才只是个年级组组长。按他的话说，和他的同学相比，他是个工作最累、挣钱最少、职位最低的"下层"人物。而他教出来的学生中有不少都成了大小"头头"。更让他感到"不好意思"的是,其中一名学生还成了他的顶头上司(副校长)。同事们笑他"乾坤倒转,挨了学生的管"。但他却不这样看,他风趣地对他的家人和朋友们说:"上帝把我们派下来各有各的使命。有坐船的,就得有开船的;有当大树的,就得有当小草的。我的任务就是当个好园丁。如今我的'桃李'满天下,我的学生们有那么多都成了社会的'栋梁',过年时这些带'长'字的还都来给我拜年,这是最值得我骄傲的了。小草为啥非得和大树比高低呢,只要活得平凡而不平庸,小草不也是一道很不错的风景吗!"他不攀不比,精心耕耘着脚下的那片土地,活得很开心。

三、抛开"名利"论得失

在别人看来,曹中是个命运不佳的人。他师范学校毕业后因成分不好没当上老师,被分到一个农场里管劳动,后来因工作需要又让他当了拖拉机手。没过几年,又被调到校办工厂修电机,去年工厂解散,他又下岗了。尽管他经历了那么多的不如意,可他却是个乐天派。他说:"人这一生,有失就有得,这些年我失去了很多,可也得到了很多。我没能如愿当上教师,可我却学会了开车和修电机的技术,现在我下了岗,这点儿技术还真派上了用场,我开了个修理部,收入比上班还多;我失去了晋升的机会,可我也少了竞争的付出。我无官一身轻，腾出工夫来把女儿培养成了大学生。这样一想，我觉得上帝还是公平的，有什么可烦恼的呢?"

古人云:"失之东隅，收之桑榆。"得与失其实是很难度量的。有得必有失，有失必有得。当你以为失去时，说不定正在得到;当你以为得到时，也许正在失去。

四、列出优点自赏识

心理学家罗伯特·安东尼劝导失意者的处方是:自我欣赏。他有一段话值得一读:你要将自己的每一条优点都列出来，以赞赏的眼光去看它，经常看，最好背下来，通过集中注意力于自己的优点，你就会在心理上树立起信心:你是一个有价值、有能力、与众不同的人。没能如愿升局长的老魏就是用此法进行心理调整"解心宽"的。

去年，老商业局长退休以后，大家都和他开玩笑，嚷嚷着要他请客，说局长的位子肯定是他的。他嘴头上否认，但心里也是这样想。因为无论从资历还是能力上他在局里都是出类拔萃的。可出乎意料，不久上级却从其他单位调来一名年轻人当了局长，他的心理失去了平衡，整天愁眉不展。后来他看到了罗伯特·安东尼的那句话，就开始"清点"自己的优点:第一，我工作认真，这些年多次得到上级的表扬和奖励;第二，我团结同志人缘好，虽没当上局长，但大伙有了这个呼声，就说明大家对我的认可;第三，我有英语口语翻译能力，企业家们出国都邀请我跟着；第四，我写得一手好毛笔字，算不上名家，可也常有人上门求字；第五，在家里我是妻子的好丈夫、孩子的好爸爸……他在列优点中看到了自己的光泽，于是从痛苦中解脱出来，由烦恼多多变得快乐多多。

五、转移目标找快乐

一位机关干部在上大学时，常在校报上发点儿小文，因而赢得了当时"校花"的爱情。毕业后，他一心想写出点儿名堂，思忖着自己成不了专业的作家，至少也能成为一个业余的。但他播种的是希望，收获的却是失望和苦涩。几年来，他精力费了不少，成果却几近于无。开始他还能接到退稿信，后来所写的稿子均"泥牛入海无消息"，他的作家梦彻底破灭了，为此心灰意冷。相比之下，在一家公司当经理的妻子，收入日渐丰厚。当妻子数落他"无能""江郎才尽"时，他无地自容，竟给编辑写信说，如果再不发表他的作品，他就自杀。这位编辑给他回了信，讲了自己的坎坷经历。并告诉他：人生应该确定一个弹性目标，当不了将军，可以当个好士兵；当不了作家，可以当个出色的职员，不必一条道走到黑。这位编辑的话使他从失意中解脱出来，他致力于自己办公室的工作，没过多久，就成了县里有名的"笔杆子""材料匠"，很受领导的器重。他妻子也不得不拜倒在他的"笔"下。他高兴地给那位编辑回信说：如今他的"比较烦"已变成了"很乐观"了。

如果经过主观努力无法改变客观环境，那就应使自己适应客观环境。人在失意时，应明智地克制一些欲望，转移目标来谋求另一种满足。成功需要奋斗，但奋斗了不一定成功。泰戈尔说过："天空不留下我的痕迹，但我已飞过。"只要努力去做，何必太在乎结果？

六、失望之后种希望

忘掉昨天的失败，播种明天的希望，也是甩掉烦恼的一种方法。生活不相信眼泪，也不理睬抱怨。真正的强者总是在一百次的失败之后，进行一百零一次的努力。

我曾采访过这样一位企业家：他19岁在去参加高考的路上出了车祸，未能入考场；第二年高考又落榜；22岁做服装生意失败；23岁竞选村长失败；24岁种优种西瓜遇天灾赔了本；25岁成了村造纸厂厂长；26岁工厂亏损几十万，妻子去世；27岁精神崩溃；30岁开始收破烂；40岁成了拥有上百万资产的"破烂王"。他说："我的人生信条是屡败屡战，因为在我的眼里总是失望前面等着希望。"

其实，只要我们留心就会发现，大凡事业上取得辉煌成就的杰出人物，都品尝过受挫和失意的痛苦。世界上没有常胜将军，失败乃至屡战屡败都不可怕，可怕的是谈败色变，忌讳的是消极沉沦。正如一位名人所说：只要自己的信念还站立的话，在这个世界上没有人能使你倒下。

总之，不管因为什么原因造成失意，都没有必要像那位"失意的中年男人"那样"痛心疾首，肝肠欲碎"。既然命运没让自己坐落在最佳位置，就意味着必须以最佳状态来适应这个位置。国王有国王的烦恼，乞丐有乞丐的快乐，人生本来苦已多，何必自己酿苦涩？

爱因斯坦说得好："一个人的真正价值取决于在什么程度上和在什么意义上从自我中解放出来。"因此，"失意者"不必钻牛角尖、不必自己和自己过不去，否则，到头来真正失败的还是自己。

（孙玉茹）

方与圆——与人相交的两大策略

　　怎样处世才好，是"方"还是"圆"？有的人说是"方"——方正不阿、坚持原则，有的人说是"圆"——圆滑乖巧、八面玲珑。其实，偏重"方"和偏重"圆"都是不恰当的，"方"和"圆"乃是与人相交的不可或缺、不可偏废的两大策略。

　　先说说"方"。

　　历史上，忠心耿耿的屈原、刚正无私的包拯、清正廉洁的海瑞、浩然正气的文天祥，以及隐居深山、不食周粟的伯夷、叔齐等等，都不失为"行方"的典型，也就是因为此，他们才流芳百世。

　　如果一个人方正不阿、坚持原则恰到好处，就会受到人们的钦佩、信任，并由此带来一些意想不到的好效果。有个护士刚从学校毕业，在一家医院实习，其间若能让院方满意，便可获得一份正式工作，否则就得离开。一天，一个因车祸而生命垂危的病人需要的手术，这个实习护士被安排作外科手术专家、院长亨利教授的助手。当手术将完、患者伤口即将缝合时，这个护士突然严肃地对院长说："亨利教授，我们用了12块纱布，可是您只取出了11块。"院长不屑一顾地回答说："我已经全部取出了，不要多说，立即缝合。""不。"这个护士高声抗议道，"我们确实用了12块纱布。"院长对此不加理睬，命令道："听我的，准备缝合。"这个实习护士听到后，几乎大叫起来："你是医生，你不能这样做！"直到这时，院长冷漠的脸上才浮出一丝微笑。他举起手心里握着的第12块纱布，高声宣布道："她是我最合格的助手。"不用说，这个实习护士理所当然地获得了这份工作。如果在当时，这个实习护士不坚持真理，不严肃对待，而是去迎合院长，服从院长，其结果会怎样呢？庸毋置疑，她将失去这份正式工作。这个实例说明了"行方"的重要意义。

在人际交往中，怕"行方"得罪人的人，也就是别人有过错不去指正、别人有危险不去提醒的人，有时候正会因为此而得罪了人。因为人心不同，有的人听不进不同意见，有的人却视诤友为知己。春秋时期，齐国大夫晏婴突然把在他手下干了三年、一贯谨慎的高缭辞退了。晏婴的左右觉得奇怪，便说：高缭从没做过错事，你不奖励他也罢了，为什么还要将他辞退呢？晏婴说：我是个不中用的人，正如弯曲的木头，需要用墨斗来取直、用斧子来砍平、用刨子来匡正，才能做成有用的器具。高缭三年来见我的过错从来不说，这对我有何用处？所以我把他辞退。晏婴是个有大智慧的人，他知道自己"行方"的重要，也知道周边人"行方"对自己的重要。显然，高缭的过错是没有"行方"。"方"对一个人来说，有它则会受益匪浅，无它则会遭遇不测之祸。

再谈谈"圆"。

圆，作为客观存在，自然有其合理性。譬如说，车轮是圆的，便于前进；星体是圆的，便于运动。一个恰到好处"行圆"的人，也就是在需要的时候讲究变通灵活的人，其人际交往的回旋余地就大，其各方面成功的可能性就大，因为"行圆"能缓解人际摩擦，能协调人际关系，有利于建成和谐氛围，有益于构筑绿色空间。在火车上，一个小伙子躺在座位上。有一位母亲牵着儿子上车了，儿子摇着小伙儿说："叔叔，我要坐，我要坐！"小伙儿装睡不加理睬。母亲婉转地对儿子说："别吵叔叔，叔叔累了，他躺一会儿，会让你坐的。"小伙儿听罢，忙起身红着脸说："你们坐吧！"看来，这位母亲非常懂得交际之道。在这个事例上，"行圆"起着润滑剂和转化剂作用。在当时，如果这位母亲指责小伙儿的不是，其行为无可非议，但却有可能造成两者间的紧张关系，于事无补。

为人处世，如果内外都很方正，俨然一君子，其品德固然可赞，但会多遇坎坷，多遭风霜。

唐朝时，位居高官的柳宗元，严正刚直，不畏权贵，抨击官场丑恶，显得锋芒毕露，以致遭到种种打击，最后被逐出京城长安，流放到南方边境。这时，他才有所觉悟："吾子之方其中也，其乏者，独外之圆者。固若轮焉，非特于可进，亦将可退也。"柳宗元经历了严重挫折后，才认识到：内心方正固然是好的，可缺少的就是外在圆通。因而，不能进退自如，使自己陷入被动境地。"行圆"，有它则会一帆风顺，无它则是逆水行舟。

"方"与"圆"，是鸟之两翼、人之左右手，不可偏废，不可或缺。做人，不能光看到"行方"的重要性而忽视了"行圆"，也不能只看到"行圆"的重要性而忽视了"行方"。一个明智处世的人，会将"行方"和"行圆"当作与人相交的两大策略，应该"行方"时就"行方"，应该"行圆"时就"行圆"。

那么，什么情况下应该"行方"呢？

可以说，不管是初出茅庐之人，还是老于世故之人，总是喜欢那些坚持原则、为人正直、正派坦率、不谋私利、不徇私情、不畏歪风的"行方"之人，因为具有这种高贵品格的人，会使相交之人放心、称心。为社会发展计，为公众利益计，为个人形象计，当工作需要之时，当社会和他人利益需要之时，当于己无损之时，应该"行方"就一定要"行方"。如果该"行方"时不"行方"，不能坚持自我，不能守住自己，像长在墙头上的草见风转向，像掉入河里的叶随波逐流，则失去人生的真正意义，被世人鄙视，为人所不齿。

那么，什么情况下应该"行圆"呢？

当直来直去会伤害别人自尊心的情况下，当有棱有角会使自己陷入难堪境地的情况下，当方方正正不能达到满意效果的情况下，应该使用"行圆"的策略。譬如说，某人有缺点，你在公共场合下指出，不但不会使他改正，反而会伤了和气，这时候你应该暂时不讲，而等到没有他人在场的情况下，再委婉地点明，则会对该人有益，对你有利。又譬如，你在小学教室里讲课，遇到一个你也一时解答不出的难题，这时候你不应该实事求是地表明，因为这样的话小学生会瞧不起你，不利于你的教学，而是应该巧妙跳过这个有可能会令你陷入难堪境地的地方，等到清楚以后再向小学生传授。再譬如，你本本分分、老老实实地做人，因为缺少"润滑剂""粘贴剂"而不能获得一个很高的群众威信，这时候，你就应该学学并且使用一些令你取得好人缘的技巧，达到令你满意的效果。

概括地说，就是在人际环境无不利时，用"方"策；在人际环境有不利时，用"圆"策。"方"策、"圆"策结合用、转换用、灵活用，乃是与人相交之良策。

（高兴宇）

善于忘记　利人利己

　　我初学电脑用的是386。有一次，电脑出了"故障"：打文件时，常常出现"死机"，我怀疑这是"病毒"在"捣鬼"。可朋友在键盘上捣鼓一阵后，对我说："这不是病毒，这是因为你所在的文件夹目录下文件太多，DOS系统的程序管理不过来，所以就出现紊乱而死机。你以后一定要注意，当文件夹下的文件太多时，就要及时将那些没用的文件删除，或者创建新的文件夹。"朋友略有所思后又说："其实，电脑也是很有灵性的。它跟人一样，只有当你善于忘记些什么，才能有效地记住些什么。"这不禁使我想起了另外一则故事：阿拉伯名作家阿里，有一次和吉伯、马沙两位朋友一起旅行。3人行经一处山谷时，马沙失足滑落，幸而吉伯拼命拉他，才将他救起。马沙于是在附近的大石头上刻下了："X年X月X日，吉伯救了马沙一命。"3人继续走了几天，来到一处河边。吉伯跟马沙因为一件小事吵起来，吉伯一气之下打了马沙一耳光。马沙跑到沙滩上写下："X年X月X日，吉伯打了马沙一耳光。"当他们旅游回来之后，阿里好奇地问马沙为什么要把吉伯救他的事刻在石上，将吉伯打他的事写在沙上？马沙回答："我永远都感激吉伯救我，至于他打我的事，我会随着沙滩上字迹的消失而忘得一干二净。只有记住别人对我们的恩惠，洗去我们对别人的怨恨，在人生的旅程中我们才能轻松地前进。"

朋友的话和马沙的故事，给我留下了很深的印象，也给我深深的哲理启示：善忘是一种境界，更是一种做人的智慧。

"善忘"，是融洽人际关系的净化剂。琳在人际关系上处得很糟糕：近在咫尺的邻居，因为"自己吃了小亏"等鸡毛蒜皮小事的"积累"而耿耿于怀，结果反目为仇；曾经共处多年的同事，因为偶然间无意的"伤害""记录"便刻骨铭心，发展到势不两立；相爱多年的恋人，因为一时情感上的"磨擦"便翻出了陈年"旧账"，最终以分道扬镳、视同陌路而告终……琳在人际关系上的失败，究其原因，就在于她总以为别人对自己使恶，对他人的"得罪"总是"难以忘怀"。她的记人之"恶"大大地多于记人之"德"，记己之所"失"大大多于记己之所"得"，便因此而自我"折磨"，沉入"交恶"的"旋涡"而不能自拔。这不禁使我联想起管仲的一则故事。春秋战国时期，齐国宰相管仲临终时，对齐桓公说，鲍叔牙有"一闻之过，终身不忘"的缺点。高诱把这句话解释为："念人之过，必忘人之功。"仔细想想，管仲对鲍叔牙的批语颇有道理。因为，对人之"过"和"恶"的"铭记"，必将导致对其"善"和"德"的"淡忘"。

　　难道不是吗？一方面是只想着自己对别人的"好处"，而另一方面则又总是以挑剔的眼光，盯住记牢别人的"坏处"。这样，就会使人与人之间丧失"共容"的空间而乌烟瘴气。"水至清则无鱼，人至察则无徒。"人与人之间的恩恩怨怨和是是非非，在所难免，来者阻不住，朦胧自然去，我们又何必非要搞个水落石出？

　　"善忘"是走出烦恼泥淖的滑翔器。人来到这个世上，什么功名利禄、成败得失、情感恩怨，就如同我们的影子，常伴左右。我们如果任其困扰，就会陷入自寻烦恼的"苦海"而难以超越。因此，如同农民给庄稼除草必须有所选择一样，我们要善于记住积极的而去除消极的思想，及时地把不愉快的事抛到脑后。

　　俊就是一个"善忘"的"高人"。俊心爱的文稿被一场大火无情地烧了个精光。这可是他多年的心血啊。可在失火的第二天，俊便专心致志地继续开始他的写作了。有人感到蹊跷："你难道就一点儿也不心疼，好像一点事儿也没有？"俊回答说："再心疼又有什么用呢？再心疼也是一炬成灰，还不如抓紧时间多写一些，好得到更多的补救。"俊的妻子有外遇突然离他而去，多年以前就让他戴了"绿帽子"，你能说不让人生气吗？可俊居然冷然以待，更没有像别人那样吵闹或报复，而是爽快地提出离婚。有人感到不可思议："那个坏男人有钱有权，你完全可以趁机整他一把，把他的名声搞臭。"俊却不以为然："天涯何处无芳草？这样的女人我把她甩掉还求之不得哩。我和那个男的争斗有什么好处？两败俱伤。何必呢，我为什么要拿别人的过错来惩罚自己?"俊在多年后得了癌症,有医生认为他已经不可救药,可他照样整天乐哈哈的。有人感到困惑,向俊请教"秘诀"。俊说:"这并不等于是宣布我已经走到世界的末日,我如果自暴自弃,可能等待我的真的就是末日。假如能够乐观一些,或许还能多活些日子。"果真,俊坚强地挺了过来,还出版了两部专著,成了有名的学者。

"善忘"是开启成功之门的金钥匙。只有善于忘记,才能无须负重轻松前进。

在"文革"期间,我国数学界的巨星陈景润先生用心血研究的视为生命的成果资料被毁后,他绝望了,从楼上跳了下去,这时竟然还有人猛踢他。10年后,正是这个人为出国的事找到陈先生,口口声声地喊着陈老师、陈教授,并请陈景润给自己写推荐信。陈先生并没多说什么,利落地在推荐信上签了字。事后,有人对陈景润说怎么能帮这种人时,陈先生说:"不要计较那么多,都是过去的事儿,忘掉它算了。"从陈先生的这件事,我们不难找出他之所以获得成功的奥秘了。试想,如果陈景润整日纠缠于人际纠纷的焦点,就无异于置身在一道道障碍前,当然就难有旺盛的精力来致力于他心爱的事业了。在中国古代封建帝王的行列中,唐太宗李世民堪称佼佼者,他功业独步千古,为历代君王所不及。而贞观盛世的夺目光彩中,就不无唐太宗个人"善忘"品格的闪光。唐太宗的宰相班子和重要臣僚中有他父亲高祖李渊统治时的高级官员,也有为数较多的原秦王府的僚属，这些人曾属于不同的集团，许多还曾是唐太宗的仇敌。曾任隋炀帝郡丞的李靖，最早发现李渊有图谋天下之意，亲自向隋炀帝检举揭发。李渊灭隋后要杀李靖，李世民反对报复，再三强求才保其一命。后来，李靖驰骋疆场，征战不疲，安邦定国，为唐王朝立下了赫赫战功。魏征曾为李建成竭尽忠节，曾鼓动太子建成杀掉李世民，因而成为李世民的仇敌。李世民同样不计旧怨，授以官职，委以重用，使魏征觉得"喜逢知己之主，竭其力用"，故而为唐王朝立下了丰功伟绩。可想而知，如果李世民度量小，热衷于搞"秋后算账"，就不可能人才济济，当然也就不会有著名的"贞观之治"了。

善忘，不乏为一种精神、一种境界。既然如此，我们又为何不将"善忘"视为常物，给心情一份轻松、给人生一条坦途？

（张石平）

完美的人生需要智慧

　　美国有一位建筑师和一位逻辑学家结伴赴埃及金字塔观光。有一天，建筑师独自在街头徜徉，见一位老妇人身旁放着一只黑色的玩具猫，据介绍系祖传之物，标价500美元。建筑师用手一举，发现猫身很重，似乎是用黑铁所铸，而一对猫眼则是珍珠的。于是，建筑师对老妇人说："我给你300美元，只买两只猫眼吧！"建筑师回到住地，逻辑学家看了他所购的价值上千美元的猫眼，赶紧跑到街上，花200美元买回老女人剩下的猫身。正当建筑师嘲笑他的时候，逻辑学家慢慢刮掉猫身上的黑漆，却发现猫身系纯金所铸。目睹此景，建筑师后悔不迭。逻辑学家得意地对建筑师说："你应该好好想一想，猫的眼睛是高级珍珠做成的，那猫身会是不值钱的黑铁所铸吗？"

　　中国有一个科学家用养着的一只猴子做试验，他拿出一只高玻璃瓶，拔去木塞，放进两粒花生米，将瓶子递给猴子。猴子抓着瓶子，使劲乱摇，偶然摇出一粒，丢进嘴里。科学家接着又放进几粒花生米，还指教它只需将瓶子一倒转，花生米立刻就会滚出来。但是猴子却不理会他的指教，每次总是乱摇，很费力气却吃不到。猴子为什么不能领受人的指教呢？因为它两眼只盯着花生米，并不注意人的手势与瓶子的倒转，看不见别的，所以才会犯下这样的错误。

因为受着眼前那一点物质利益的引诱，致使智慧一再地受到蒙蔽，而失败也就接踵而来。前不久，有一位"点子大王"因涉嫌诈骗而被拘捕。他曾因为偶然卖了一个好"点子"而一举成名，经过媒体的突击加工——作为知识分子致富、证明智慧可以同样创造财富的典型向社会推出。本来，如果他不停地努力和探索下去，就有可能将"点子"上升为人生的大智慧。但是，这一点点刚刚萌发的智慧火花却被欲望的洪水很快浇灭。

过去，智慧只有依附于权力，才能够有所作为。没有权力的人，智慧也将因此受到压抑和埋没。有些人甚至将自己全部的智慧都用于争权夺利上，而不顾自己是否还有足够的智慧和能力去进行创造与创新。

现在，这种情况当然已有很大改观，智慧已经可以离开权力，依靠智慧便可以创造出惊人的财富。尤其是到了网络时代，一批依靠智慧生存的新人类和知识精英，正在打破传统权力的约束和垄断，创造出了一种全新的、以智慧为先导的优秀文化。他们所要克服的仅仅是浮躁和急功近利的毛病，避免像前面所说的那样，因受到物质利益的引诱，而使人生的智慧受到不应有的遮蔽和消亡。

知识可以通过不断学习而获得，勤奋刻苦也不是一件太难的事，它们是通向智慧的必经之路。而人的智慧一旦释放出来，那么它就会产生头脑和思想的强烈风暴，可以装点更加绚丽的人生。有了智慧就使我们拥有了更多和更大的创造力，也将使我们生活得更加快乐和幸福。

（胡平）

我为甜蜜加分

在襄阳市一家大型宾馆，雷秀丽正在为一对新人主持婚礼。事前的交流，使雷秀丽从新郎新娘的同学及同事处了解到，由于双方父母持异议，新郎和新娘经过了长达五年的马拉松式恋爱，最终，双方父母为子女的爱情所感动，同意双方结为连理。

婚礼开始，雷秀丽让新郎新娘改口叫对方父母"爸妈"，激情澎湃地宣布："这对新人经过双方父母长达五年的爱的洗礼之后，即将携手共赴爱河。"

正在大家为新人鼓掌时，意外出现了，身后舞台幕布上挂的大红喜字，因为没有挂牢，突然掉到了地上……全场顿时呆住了，新郎新娘及双方父母也脸如土灰：这可是个不祥的兆头哇。雷秀丽一时也没有了主意。但只停顿了大约三秒钟，在全场寂静无声的时刻，她用颇具磁性的声音，抑扬顿挫地咏出八个字：

天赐良缘，喜从天降！

瞬间，全场掌声雷动，新郎新娘及双方父母的脸上都泛出了喜色，人们不禁向雷秀丽伸出了大拇指。

如今，当年的新郎新娘成了雷秀丽的好朋友。每当提到当年那场有惊无险的婚礼，他们都为雷秀丽的灵活应变能力而叫好。

每次婚礼前与双方交流时，雷秀丽都要了解双方父母眼中的儿子儿媳、女儿女婿是什么样的，父母为新人的婚礼做了哪些准备工作，宴席的时间、地点、规模，新人的籍贯、爱好、职业、性格，是否交换礼物以及交换什么礼物等，甚至包括婚礼现场礼物是由酒店礼仪小姐呈上，还是亲戚呈上。总之，她要了解尽量详细的细节。

同时，雷秀丽还要让新郎新娘在笔记本上写上自己的名字、单位、爱好、星座以及来宾的组成等，因为字体也可判断一个人的性格。同时，他们自己写的资料更为准确，婚礼上才不至于出差错。

一个大雪纷飞的冬日，襄樊女孩田红和新郎的婚礼在郊外一家农家乐园如期举行。

当时，只办了十桌酒席。大厅里灯光闪烁，烘托出一片喜庆气氛。空调也开足了马力，为嘉宾送来阵阵暖意。

"亲爱的朋友们，瞧我们的新郎，淡淡的羞涩掩饰不住心里的喜悦；再看我们的新娘，灿烂的笑容不正如一杯醇厚的红酒，让我们的新郎不饮就醉了吗……"乐声适时响起，为雷秀丽的主持锦上添花。正在浓情蜜意时，突然停电了，大厅内顿时暗了下来。短暂的骚动之后，雷秀丽清了清嗓子，放下话筒，声音洪亮地继续主持："朋友们，我们的新郎新娘因为害羞，把灯都关上了……"此时，大堂经理指挥服务员为每一桌客人分别送上了两支大红蜡烛，嘉宾们又置身于温馨而浪漫的氛围中了。

为了表达歉意，乐园的老总亲自为新郎新娘奉上两杯红酒。雷秀丽不失时机地说："喜气的烛光中，喝完了交杯酒，新郎新娘就合二为一。我们同时祝愿，新郎新娘勤俭持家，幸福生活从今天起步，从节约用电开始……"

这次婚礼，由于雷秀丽的灵活应变，意外的停电不仅没有对婚礼气氛有丝毫的影响，反而收到了意想不到的效果。

婚礼主持雷秀丽在古城襄樊名声大噪。最多的一个月，她竟主持了25场婚礼。雷秀丽说，现在想来，自己像一架越用越灵光的机器，这才做到每一场婚礼都让新人满意。

谈到自己的成功，雷秀丽深有感触：爱情绝不是新郎新娘两个人的事，还有双方的父母亲友，是两个家族的事。正因为如此，她给自己定了个规矩：每场婚礼前一周，除了要与新郎新娘包括他们的父母亲友电话交流多次外，最少要见面三至五次，了解双方的兴趣爱好，好在婚礼上显得温馨而不失大度，出众但不出格。

她说，婚礼主持也是一项艺术，只有在平时下足工夫，才能在婚礼现场尽量减少遗憾，给甜蜜的婚礼增加更多的甜蜜！

（马崇俊）

挖掘情商让你更出众

　　这天下午，纽约市弥漫着大雾，人的心情也跟着阴郁起来。为了舒缓一下心情，我打算到街上去逛逛。当我踏上公交车的时候，司机微笑着跟我打了个招呼。

　　"嗨！您好吗？"他热情地说。出于礼貌，我笑着点了点头。随后我发现，他对每一个上车的乘客都是这样。

　　公交车在路上缓慢地爬行着，我的心情却没有烦躁起来，因为一路上都有司机的生动解说：那个商店正在进行打折活动，这个博物馆正在举行精彩的展览，刚路过的电影院正在上映一部搞笑的喜剧片……当人们下车的时候，阴郁的情绪都消失得无影无踪了。当司机喊道："再见，祝你一天都有好心情！"每个人都微笑着给予回应。

　　这个记忆留在我的脑海中将近20年了。我认为那个公交车司机的工作做得很成功、很出色。

　　与他相比，杰森，这个佛罗里达高中最优秀的学生的表现又怎样呢？杰森一直想进入哈佛医学院读书，他努力让自己的各科成绩一直保持 A。然而，在一次物理测验中，老师给了他一个 B，他认为自己进入哈佛医学院的梦想可能会因此受到影响，并且认为是老师故意为难他。于是，他带了一把刀到学校，把物理老师刺成重伤。

为什么一个聪明的年轻人会干出如此荒唐的事呢？答案是高智商未必代表高情商。心理学家认为，一个人的成功，智商只起到 20% 的决定因素，80% 的因素来于其他方面，就是我们所说的情商。

下面是组成情商的一些主要特性以及挖掘这些特性的方法：

自我认知情绪

情商的关键在于当某种情绪出现时，自己能认识到。那些能更好地认知自己情绪的人往往能更好地引导自己的人生。

里恩非常怕蛇，一看到蛇，他就会尖叫，并且迅速逃走。即使是一张蛇的图片，也能让他冒冷汗。里恩的这种情绪表现，就是我们所说的本能的感觉。也就是说是，当一张蛇的图片呈现在他的面前时，甚至在还没有意识的情况下，他的皮肤就开始出汗了。

通过有意识的努力，我们可以更加了解自己的真实情感。我们不妨来举个例子。在某一天，你遭受了别人无礼的对待，之后的几个小时都很生气。其实这是一种易怒情绪的表现，只是你自己没有意识到而已。但是如果别人给你指出来，你就会觉得很惊讶。所以，如果你重新审视自己之前几个小时的情绪，很可能你就会改变原来的看法。

能够做到情绪上的自我认知，我们就能摆脱那些糟糕的情绪。

控制坏情绪

当然，我们不可能每天都拥有好情绪。坏情绪和好情绪都是生活的调味剂，我们要过上正常的生活，就必须在其中寻求平衡。

在所有坏情绪中，愤怒是最难对付的。这天下班后，比利就很愤怒。当时他正驾车在高速公路上行驶，另一辆车突然挡在了他的前面。他不禁破口大骂："差点害我撞车！"他越想越生气，就对自己说："我为什么不给他点儿颜色瞧瞧呢？"于是，他加大油门，让自己的车挡在了那辆车的前面。

比利的这种愤怒是不计后果的情绪表现。他也许认为，情绪的发泄会让自己的感觉好些。实际上，这是最坏的减轻愤怒的方法，它只会让比利更加愤怒，最后可能酿成可怕的后果。

减轻愤怒情绪的有效方法就是"再构造"，也就是有意识地用正面的观点来重新解释某个情形。在比利的这件事上，他可以对自己说："别介意，对方可能有急事。"心理学家迪安·迪斯通过对四百多个男女司机的调查，发现这是平息愤怒的最有效的方法之一。

独处也是平息愤怒的一个有效方法，特别是在你想不通的时候。迪安·迪斯发现，锻炼是一种比较安全有效的方法，比如长距离散步。这样做，可以将自己的注意力转移。还可以配合深呼吸、沉思这些比较简单的放松方法。

具备积极的动机

宾夕法尼亚大学心理学家马丁·西格曼曾对一家保险公司的销售人员做了一个业绩调查。他把这些销售人员分为两组，一组能力很强但思想悲观，一组能力一般但高度乐观。通过两年的跟踪调查，他发现，在第一年，后者的销售额比前者高出了21%，第二年更高出了57%。由此可见，要想取得好的成绩，积极乐观的心态是多么重要。

客户拒绝购买产品，悲观的人可能会这样想："我是一个失败者，我永远也做不成这单生意。"乐观主义者则这样对自己说："我的方法可能不对头，或者客户当时的心情不好。"接着，他会激励自己再给客户打一次电话或者再次登门拜访。

心理学家通过对奥运冠军、世界级音乐大师和国际象棋大师的研究，在他们的身上发现了一个共同的特征：他们能激发自己持之以恒地坚持日常训练。也就是说，他们每个人都具有积极的动机，而这对于达到目标是非常重要的。

控制内心的冲动

20世纪60年代，心理学家沃尔特·米歇尔在斯坦福大学的一个附属幼儿园做了一个实验。

他告诉孩子们，他们可以有两个选择：如果他们不愿意等，可以马上得到一颗果酱软糖；但如果他们愿意等上一段时间，他们就可以得到两颗软糖。不一会儿，一些小朋友就围到了沃尔特身边，取走了一颗软糖，而另外一些小朋友却选择了等待。为了抵制诱惑并坚持到底，他们有的闭上了眼睛，有的枕着胳膊休息，有的唱歌或者看画册。在等了对于他们来说相当漫长的20分钟后，这些孩子获得了两颗软糖的奖励。

此后，沃尔特对这帮孩子进行了跟踪调查。他发现，那些能够最终获得两颗软糖的孩子长大后，在追求目标的过程中仍然能够抵制住各种诱惑。并且他们的社交能力和自主能力都很强，能够与困难逆境作不屈的斗争。而那些选择了一颗软糖的孩子，在青年时期，大部分都变得固执、优柔寡断，无法承受太多的压力。

这两种不同的表现，是能否抵制住内心冲动的结果。沃尔特表示，抵制冲动的能力能够通过训练得到提高。当你面对眼前的诱惑时，提醒自己记住长期的目标——不管你是想减肥，还是想获得一个医学学位。这样你就会发现：耐心等待两颗软糖并非一件很难的事。也就是说，延缓冲动，你就有可能取得成功。

掌握人际交往技巧

在日常生活中，我们与家人、朋友、同事、邻居通过细微之处互相传递着情绪，有的时候，这些细微之处很难让人发觉。比如，某人说了句"谢谢"，方式的不同可以让我们感到被拒绝，或者得到了真诚的感谢。假如我们能在这些细微之处感觉到他人背后所隐藏的感情，在人际交往中我们就能更加恰当地处理我们的言行。

卓越的人际交往技能可以令你脱颖而出，魅力四射。为了证实这一观点，卡内基·梅隆大学的心理学家罗伯特·凯利和詹尼特·凯普做了一项实验研究。这个实验研究的成员由一些理论上的高智商工程师和科学家组成。但是，他们中的一部分人表现很突出，其他人则变得与普通人没什么差别。

是什么形成了这种差别呢？答案是那些表现突出的人拥有一张宽大的人际关系网。罗伯特举了个例子。当一个表现普通的人遇到一个技术问题时，他会打电话给各种技术精英，然后等待，往往一等就是好几个小时，甚至更长的时间。而那些表现突出的人则很少碰到这种情形，因为他们在需要那些技术精英之前就已经与他们建立了可靠的关系，所以在请求帮助时，他们往往能得到快速回应。

你看，不是智商的高低，而是情商使这些人如明星般脱颖而出、魅力四射。

（于笑天）

冷血杜鹃温情隼

　　因杜鹃啼血的传说，杜鹃一直拥有着美好的寓意，成为异乡游子寄托乡愁、有情人寄托相思的对象。事实上。杜鹃异常懒惰，它不会筑巢，而是把卵产在别人的巢中。这个笨拙自私的母亲有着独特的本领，它可根据寄主的不同，来改变卵的大小和颜色。寄主误以为是自己的亲骨肉，让杜鹃雏鸟顺利破壳而出，而冷酷的杜鹃雏鸟把同巢的其他幼鸟拱在背上，一个一个摔出巢外。杜鹃的养父养母依然不辞辛苦哺育着杀害自己孩子的仇人。杜鹃羽翼丰满后，抖抖翅膀不辞而别，全然忘记了养父母的恩情。

　　在人们眼中冷酷无情、凶悍无比的隼却有着温情的一面。红嘴黑雁是隼的主要捕猎对象，而它们却把巢建在和隼比邻而居的地方，这是因为红嘴黑雁在孵幼鸟的时候，经常受到狐狸的侵害，而把隼作为自己的邻居，狐狸慑于隼的威严，不敢靠近。隼似乎同情弱者，即使黑雁的幼鸟从隼巢边经过，隼也从来不去伤害它们，而等它们长大后，隼的利爪不会留一点儿情面。没想到，隼这样的冷漠杀手，竟然如此的行事坦率、光明磊落。

任何事情都有两面性，有时我们往往被表面现象所迷惑，而隐藏另一面也许是事物的真相。

（吕清明）

陌生化代价

　　在人际关系问题上不要太浪漫主义。人是很有趣的，往往在接触一个人时首先看到的都是他或她的优点，这一点颇像是在餐馆里用餐的经验，开始吃头盘或冷碟的时候，印象很好，吃头两个主菜时，也是赞不绝口，愈吃愈趋于冷静，吃完了这顿筵席，缺点就都找出来了，于是转喜为怨，转赞美为责备挑剔，转首肯为摇头。这是因为，第一，开始吃的时候你正处于饥饿状态，而饿了吃糠甜如蜜，饱了吃蜜也不甜。第二，你初到一个餐馆，开始举箸时有新鲜感，新盖的茅房三天香，这也可以叫作"陌生化效应"吧。

　　和人的关系也是有这种饥饿效应或陌生化效应的，一个新朋友，彼此有意无意地都要表现出自己的最好方面，而克制自己的不良方面，后者例如粗鲁、急躁、斤斤计较……而一个新朋友就像一个新景点或一个新餐馆，乃至一件新衣服或一个新政权一样，都会给你的生活带来某种新鲜的体验新鲜的气息，都会满足人们的一种对于新事物新变化的饥渴。结交久了，往往就是好的与不好的方面都显现出来了——当新鲜感逐渐淡漠下来以后，人们必须面对现实，面对新事物也会褪色也会变旧的事实，面对求新逐变需要付出的种种代价。

坚持浪漫主义的人际关系准则，在小说或者诗歌里可能是很感人的至少是很有趣的，比如发现某人庸俗时立即与之割席绝交，初见一个人听完一席话便立即拔刀相助或叩头行礼……但在实际生活中这种极端化与绝对化的做法就给人一种不明事理、化解不开的感觉，这也正如鲁迅所说，你演戏的时候可以是关云长或林黛玉，从台上下来以后，你必须卸掉妆变回来成为常人。

了解了这一点，再碰到对于新相识某某某先是印象奇佳，后来不过如此，再往后原来如此，我们对这样一个过程也许应该增加一些承受力。

与其对旁人要求太高，寄予太大的希望，不如这样要求自己与希望自己。与其动辄对旁人失望不如自责。都是凡人，不必抬得过高，也不必发现什么问题就伤心过度。

（王蒙）

在男士区卖高跟鞋

20世纪40年代，随着女性地位的日益提高，高跟鞋的生产商也如雨后春笋般地冒了出来。在意大利威尼斯的一个小镇上，有一位年轻人也办起了一家小小的高跟鞋作坊。因为他的高跟鞋还没有知名度，所以年轻人不得不时常走上街头推销他的品牌和鞋子。

一天，年轻人扛着一箱高跟鞋来到威尼斯市区，那里有一条非常著名的女性鞋帽街，只要能把自己的高跟鞋打进那条街，就等于是打下了一片开阔的市场。来到路口，他刚想拐弯走进去，对面却来了几位神情沮丧的熟人，他们是附近一些女鞋生产商，来到这里也是为了推销商品。"走吧！这里根本容不下我们。"其中的一位熟人善意地提醒年轻人说。

"这里真的容不下我吗？"年轻人心里想，他将信将疑地走进了其中的一家女性鞋帽店，还没等他开口，那家店的老板就直截了当地说："你也是来推销商品的吧？我们这里卖的都是顶尖的名牌产品，你这些新品牌毫无知名度，也卖不了高价钱，我们不收！"

年轻人接下来又相继去了好几家店，但是那些店的老板都不愿意接受他的鞋子，他们只愿意销售那些顶尖的品牌，那些名牌价钱高，能赚得更多，而年轻人的新品牌，显然无法让他们赚到同样多的钱。

年轻人无奈地转身，这时，他忽然发现街的尽头有一家男士鞋帽店。年轻人灵光一现，心想无论女性鞋子价钱如何，都不会影响到男式鞋的销售量和营业额，为何不到男士店里去看看？

年轻人走进了那家店，说明来意，那位老板觉得眼前这小伙子的想法真的很古怪，他惊诧地问："我这里是男士区，你要在这里卖高跟鞋？"

"是的，你卖男鞋，我卖女鞋，这不会对你的销售有任何冲击，也不会影响到你的利润。在男士们为自己买好鞋子以后，他们应该非常愿意顺便帮妻子也买一双回去，在这旁边放一双女鞋，应该是很好的办法。最主要的是，每卖掉一双，我能从中分一部分利润给你！"小伙子说。

老板考虑了一番后，答应了年轻人的要求。当天，年轻人就回到作坊里运来了几百双高跟鞋，和那些男式鞋子搭配在一起。事情果然如他所说，男士们在为自己选择鞋子的同时，眼光都会不由自主地看向一旁的高跟鞋。购买好自己的鞋子后，他们纷纷另外掏钱为妻子也买回一双高跟鞋，表示对妻子的爱；即使有时候拿不定主意，他们也会另择时间带着妻子上门来挑选；更加有意思的是，有很多夫妻同时上门来挑选各自喜欢的鞋子，省去了不少时间和精力……

　　年轻人的高跟鞋在这家男鞋店卖得十分好，他的品牌也渐渐开始为人们所熟知起来。半年后，那些当初拒绝他的女性鞋帽店纷纷找上门来寻求合作，要求销售他的高跟鞋，年轻人的高跟鞋终于在这条威尼斯最为著名的女性鞋帽街闯出了一片天地！

　　几十年后的今天，他的高跟鞋成了几乎在意大利独霸天下的女鞋品牌——LMPO。当初的那位年轻人，就是LMPO的品牌创始人雷桑德·巴尔赛拉。

　　雷桑德·巴尔赛拉在自己的晚年生活中写过一本回忆录，那里面写着这样一段话："无论是从商还是做人，都需要讲究变通。困难当前，有时候不仅需要另辟蹊径，甚至需要反其道而行，只有这样，才能找到一片又一片属于自己的天地！"

（陈亦权）

趣味无穷的人生抛物线

抛物线像是一个小山丘，我们的人生就这样被这个小山压着：

5岁时的成功是没有尿湿裤子；15岁的成功是拥有一帮朋友；20岁时的成功是有个驾驶执照；35岁时的成功是有钱——这是抛物线的上半截。

65岁时的成功是有钱；70岁时的成功是有驾驶执照；75岁时的成功是有一帮朋友；80岁时的成功是没有尿湿裤子——这是抛物线的下半截。

看得出，人生的上半截是努力求"得"的，按学历、权力、职位、业绩、薪金，比上升啊！你年轻时付出的越多，抛物线的那个顶点就可能越高，所谓的成功就可能会多点儿；而人生的下半截是力保不"失"，按血压、血脂、血糖、尿酸、胆固醇，比下降啊！

可惜的是，努力求"得"比力保不"失"似乎要容易一些，因为上半截是谋事在人，而下半截却往往成事在天。因为，衰老与退化是人生必经之途，没有谁能够抗拒，我们任何人都无力改变，只争朝夕吧！

（杨大为）

不 必 说

有个人急匆匆跑到一位智者身边，气喘吁吁地说："我、我有事要告诉您。"

"等等"，智者打断了他，"你要说的话，用三张网过滤了吗?"

"什么三张网?"那人疑惑不解。

"第一张网叫作真实，你要说的事真实吗?"智者问。

"这，我也不清楚，我是从别人那听来的。"那人回答。

"那么用第二张网过滤一下，你的消息是善意的吗?"智者继续问。

那人开始迟疑："这个，是关于别人的是非。"

"最后一张网，既然你这么急着要告诉我，那你要说的事情很重要吗?"

"其实也不重要，鸡毛蒜皮的小事而已。"那人有些不好意思了。

智者笑言："你要说的事既不真实，也不善意，更不重要，那就不必说了!"

（小米）

多想想好的一面

　　我们都曾遭遇这样的时刻，生活的阳光像消逝了一样。在这种时候——我们但愿它不多——我想提醒你无名作者的如下格言：

　　数数你的朋友而不是仇家；

　　数数你的微笑而不是眼泪；

　　数数你的勇气而不是恐惧；

　　数数你的丰年而不是欠年；

　　数数你的善举而不是吝啬。

　　想想这些，你难道不感到乐观和振奋吗？花几分钟思考一下上面的话，我肯定你会发现其中有很多真理。

（沈畔阳）

做生活的徒步旅行者

在精神上我觉得自己像个徒步旅行者。怀揣着一张理想主义的地图，我就是路了。在我主观主义的地图上，这条世界上无人知晓的路线是以我来命名的。我有时抽象地把它指代为零号公路。

我曾经在江苏、湖北生活过，最近这几年又混迹于晨钟暮鼓的京城，虽然也利用探亲或出差的机会跑过远远近近一些省份，但热衷程度一点儿不像遇到公园就买门票的观光客。应该说，我仅仅追求那份出发的激动与抵达的欣慰。

在目前这个注重物质排斥精神、追求享受忽略创造的时代，像徒步旅行者一样对待生活的人越来越少了。一方面是他们对风餐露宿怀有畏惧，更多的原因是他们未曾体会过披星戴月投奔远处灯火稀疏的村落时那份急迫的遐想所渲染的脉脉温情，幸福就在那里，仿佛一指之遥，但要把那永恒的诱惑兑现为事实却需要投入一整夜甚至一生的艰难竞走。

对于生活，我是徒步旅行者。这世界上任何人为的站牌或地名对于我都将失去意义。

我生命中确实有这么一张历尽沧桑的地图，上面圈圈点点，注明心灵逗留过的驿站，它的名字叫记忆。啊，我行吟的梦想，我堂·吉诃德式的诚挚，我被雨水沤烂的鞋垫，我折一根树枝做成的手杖，我吟罢随风而逝的游记，我象形文字般的脚印，还有上路前踩熄的夜宿的火堆，还有啄食过我面包屑一如接受了我的施舍的那些没有家的鸟，我如影随形的抽象的零号公路哟，扩张着我生命的内容和势力范围。

　　我可能把一生都当作一项规模宏大的工程了。只有我才是真正富足的。即使举步维艰地穿行在世俗生活中的繁华公路上，即使兜里只有仅够买得起车票的钱，我仍然不愿放弃沉重而选择轻松，我告诉世界：我是徒步旅行者，两只坚韧的脚板，是人类最原始的也是我唯一信仰的交通工具。我用一生的时间来赶上你们——我是徒步旅行者，在任何时候我都必须忠实于自己的身份！

　　如果你富有，就做一个徒步旅行者吧，你会发现世界上居然有金钱所无法兑换给你的那种为坚强者免费提供的特殊的幸福、特殊的胜利……

（洪烛）

快乐的本源

　　那是一个酷热的夏日黄昏。我下班途中遇到一截坡路，便下了自行车吃力地推着前行。我注意到前方有很笨重的东西在一点一点地移动，近了才看清——那是一个三口之家，男人粗矮，牛一般负着辆破旧而硕大的板车朝坡上拉。板车内杂陈着货柜、炉子、铅桶、炊具、碗碟之类的物什，满满的，叮咣叮咣响个不停。脏兮兮的女人和小孩坐在脏兮兮的板车中，但这一切，并不影响女人，她旁若无人而又自得其乐地一会儿啃两口西瓜，一会儿嗑几粒葵花子儿，一会儿又哼两句小曲儿。小孩也自顾拨弄那些叮咣作响的物什。男人在前头绷着劲、流着汗，却是那么的心甘情愿。

　　我想他们一定是在附近哪条街上做小本经营的，那移动的板车便是一家三口多半的家当吧。我正寻思着，却被一阵"嘣嘣嘣"的声音和随之而来的毫无遮掩的大笑所打断。弄不清是男人脚底滑了一下还是由于埋头疯玩的小子不慎碰撞，板车上好些东西竟跌下来，顺着陡坡骨碌碌往下滚，滚得很生动，也很滑稽。首先是女人愣了一愣，瞅一眼男人，又瞅一眼儿子，竟放嗓大笑起来，儿子跟着咯咯咯地笑起来。男人看一眼就要上完的陡坡，也忍不住憨笑起来。一家全然不顾身旁那些豪华的高楼、穿梭的小车和过往的衣着时髦的匆匆路人。

　　我突然有一种很深的感动充盈内心。我竟很强烈地羡慕起这血色黄昏中的三口之家。原来快乐是那么简单的，哪怕穷困潦倒成那样，却丝毫不妨碍快乐的造访。当我们大多数都市人为着物质与名利，高度紧张地拼命和争斗的时候，可否静下来，远离那陀螺式的生活，细细思索一番快乐的本源呢？

（段代洪）

在困境中向往美好

    报社来了一些实习生，我也带了一个，是新闻学院快毕业的姑娘。我给她出的题目是去找一个建筑工地，和打工的外地民工生活一天。我自己给自己的任务是和一个捡垃圾的人生活一天。我们要策划四大版的"普通人在城市的一天"这样一个选题。

    第二天各路人马都回到了报社，大家似乎都有收获。有人讲得非常感人，我带的那个实习生讲得最感人。

    她说她在一个建筑工地上碰见了一个小姑娘，那个小姑娘是工地上用手工弯铁丝网的，一天要干十几个小时。

    她讲，她的最大愿望就是看看天安门。很小从课本上知道了首都北京有个天安门，但她来了也没有时间去看，因为她在工地上要从早上8点一直干到夜里。太累了，工头也不让她晚上走出工地，没有一个休息日，因为要赶工期。她说她最大的愿望就是干完了这个短工，去天安门看一看。

    一个人一生最大的愿望就是去看一看天安门！而为此她要付出在一家工地工作三个月的代价。我们很多人经常经过天安门，早已熟视无睹了。但实习生的这个故事让大家都有些震动。

我跟一个从河南来的捡垃圾的老头生活了一天。早晨7点钟，在朝阳区一个郊区空地中，几百个捡垃圾的人在卖前一天捡的垃圾，那种情景让我想起狄更斯笔下的伦敦：几百个衣衫褴褛的人在卖垃圾，收垃圾的人把垃圾收走，然后，他们就提着空蛇皮袋，四散而去了。

这是一些生活在城市夹缝中的外乡人，以中老年人为主。我和河南老人一边沿着他固定的线路走，一边听他说话。他熟悉活动区的每一只垃圾桶，每一个垃圾堆。他讲了许多，那种感觉很像余华的小说《活着》中一个老人给一个青年讲活着的故事，非常像。讲人的生生死死，恩恩怨怨。到了晚上，我和他一起回到郊区他租住的一间小平房，那是一间只有7平方米左右的小房子。他拉开了墙上的一个小布帘，在墙上有一面木架子，上面从上到下摆满了各种各样的空香水瓶！那些都是他的收藏。香水瓶的造型大都很好看，老人搜集的足有二百多个，一刹那它们的美让我震惊，也让这个老人的小屋和他底层的人生发亮了。

这两个故事都是真实的。他们是生活中的乐观者，卑微愿望的满足者，也是热爱生活的人。

（邱华栋）